小日子

先生，你的酒

徐茂挥 古丽丽 著

青岛出版社
QINGDAO PUBLISHING HOUSE

作者序一

2015年对我而言，是充满大变动的一年。2014年年中，因同时在桃竹苗开了四个失业者职业训练班，我第一次感到身心超负荷。从星期一到星期五，每日都要上8小时的课，星期六、星期日则要采买上课所需的新鲜食材及应付其他突发状况，生活毫无质量可言。好不容易熬到去年年底完成计划，我下定决心今年要减少开班数量，找回生活质量，并安排自己与古老师去谷物研究所充电，加强学习有关米面食的专业课程，为推广客家米面食打下扎实的根基，还准备到国外充电。不幸3月时父亲突然病逝，我顿时感到人生的缺口已无法避免。5月份时，意外接到幸福文化对此书有兴趣的消息，于是感慨世事的无常，原计划明年才要好好自费改版的这本酿酒书，就这样因幸福文化的资源而提前完成。这一路走来要感谢古丽丽老师协助拍照及润稿工作，本书才得以提前出版。

酿造是一项复杂、多变的生活技能，也是很能享受成就感的专业技能。本书各章节所讲述的各种酒类的操作工艺及流程是设定在一个比较标准的环境下的。在诸位读者实际操作过程中，随着原料、菌种、温度、湿度及周遭环境的改变，用相同的方法可能会得到不同的结果。此乃必然现象，不必紧张或担心，您在尝试制作时，可将过程及结果逐一记录下来，作为自己独有的方法和成果。一分耕耘就会有一分收获。如何在酿造领域中，获取一份真正属于自己的成就，就要靠你自己了。

徐茂挥
2015 年 10 月

作者序二

一直以来，我对酿酒都很有兴趣。2006 年因缘际会加入徐茂挥老师的酿造团队后，我才真正系统学习了酿酒。从一张白纸到融会贯通，从在酒厂参与实作培训到在职训中心当助教，经过多年的努力，也经历了一段学习实务的漫长日子，我才升为讲师。

刚开始学酿酒时真的比较辛苦。当时获取信息的渠道没有现在这么方便，但这倒让我在学习时更能放空自己，一切就从模仿开始。在酒厂的日子可以从做中学、学中做，上手之后就能触类旁通。在职业训练中心教学的日子是一种分享，正好赶上酿造协会与劳委会的杨梅职业训练中心做酿造课程的产训合作，经历了 3 年的磨炼，我终于在委外的职业训练课程、部落大学、小区大学、小区团体的教学上更得心应手。相信有心的读者会做得比我更顺畅。

另外，我要向读者说明的是，一门新的手艺是在观摩、学习、应用中掌握的。亲手去做，在做的过程找出适合自己的方法，这才是学习之道。在酿酒的领域，我的经验是：要抓住机会向懂行的前辈学习。前辈传授的技巧如果够用，当然最好；如果感觉不够，一定要想办法再自我充实精进。但是要注意，在精进的过程中，好学不倦是一件好事，不要觉得太烦人。

很高兴徐老师的第一本酿酒书终于完成改版，在几年前他就一直想要做这件事，但因一直承办职业训练课程，担任计划主持人又兼任主要授课讲师，改版计划就延误了。相信新版的酿酒书对想学酿酒的您一定有帮助。

古丽丽
2015 年 10 月

我于 2002 年 6 月出版了第一本酿酒实务书,主要是因为台湾地区松绑了实施已久的烟酒专卖制度,普通家庭可在一定数量规范下酿酒,并可筹设酒庄或酒厂。当时学术界和社会上充满了不分享酿酒技术的私心氛围,而人们对酿酒的知识、技术又迫切地需要。面对学员和朋友的求知欲,我整理所学的酿酒技术,出版了第一本酿酒实务书。这本书当时是作为培训讲义而作的,书中以图文形式记录了酿酒知识并分享心得,主要目的是方便推广酿酒教学,解决学员们的困惑。所以这本书的第一版只在"丰年社"及今朝酒厂有售,一般的读者可能都是从我教过的学员那里或图书馆中,才知道此书能通过邮局划拨的方式购买。当时此书应该让不少人对酿酒有不同程度的认知并开始尝试酿酒。

由于酿酒知识在不断丰富,酿酒技术在不断改进,酿酒设备也在不断创新,因此,我打算再版前书。为服务读者以及曾有缘与我学习过的三千多名学员,我再度自我挑战,替换过时的理论、技术,重新编排内容,结合这几年自设酒厂或协助其他厂设厂的经验及授课经验,提供更精准的操作生产过程,让读者可以直接模仿应用。对老读者而言,这本书可以提供新的、更正确的参考数据,也帮助他们利用我的修正方法去自我突破。对新读者而言,这本书能让他们学会安全、正确又简易的酿酒技巧,避开很多故弄玄虚的做法,轻松地做出好酒来。

酿酒原本就是一种传统的生活技能,也是一门饮食艺术,入门可以非常简单,但很多人可能为了提高自己的身价而把它弄得过于复杂。不过，要稳定维持成品质量并达到相当的水平是一件不太容易的事，所以有心的读者一定要多与酿酒爱好者交流，多参加研习，更要多尝试、多记录，且不吝分享，如此酿酒技术才会进步。

出版此书的目的不是要鼓励读者做私酒贩卖，主要是希望大家能学会这项传统的生活技能，亲手做出自己喜欢又安全的酒，还可以立即判断出酒品是否安全又好喝，至少能学会判别好酒与劣酒，保障自己及亲友的健康，进而利用好酒联络感情，让生活更美满。

如果有可能，学会酿酒技术后，可依据发酵的原理继续学习酿造醋的技术（不是浸泡醋技术），如此可以造福更多的人，增加自己的生活乐趣及经济收入。

徐茂挥

目录
Contents

初见

酿酒基础知识

酒的起源

相传，酒是由一群猿猴所发现的。古代的猎人发现一群住在山洞中的猿猴经常携带啃过的水果进入山洞，出洞时，猿猴走路东倒西歪，有的走几步路就倒在洞口旁的地上，像死了一样一动也不动，但没过多久又活蹦乱跳。有一天，猎人好奇地进入山洞看个究竟，发现山洞中有一个凹陷的平台，上面堆着半腐的水果，凹槽中充满刺鼻的液体，散发着水果的香气。只见猿猴们一口接一口地喝下凹槽中的液体，喝得越多就越兴奋地挥舞手足，然后倒地不起，一段时间后又爬起来活动。后来，猎人装了一些液体带回村落与族人研究，确定它不会伤害身体，才依样收集水果复制，找出制造的方法，这就是"猿酒"，也是酒的起源。回想以前流行的阿嬷葡萄酒，不就是如此产生的吗？

还有一种说法，原始人类在深山森林中以采摘野果为食，在夏秋季节，他们将吃剩的果实随便丢弃，落在岩洞石头缝隙中的果实最后自然发酵成酒。人们受到这个启发而逐渐有意识地利用野果来酿造水果酒，饮之香味异常浓郁，这就是最早的酒。

据中国古书记载，最早出现的酒应该是黄酒。战国时期史官所撰的《世本》中有这样的记载："仪狄始作酒醪，变五味。"仪狄为夏禹时代的人。在《事物纪原》中有"少康作秫酒"的记载，少康即杜康，是殷商时代的人。

白酒是蒸馏器发明后，在黄酒的酿造基础上发展而来的。明朝的李时珍在《本草纲目》中写道："烧酒非古法也，自元时始创其法。"也有考古专家认为烧酒即白酒，起源于唐代。

关于酒的起源，说法有很多，全世界各民族都有他们的一套说法。对我们来说，探究酒的起源并不重要，重要的是如何掌握酿酒技术以及怎样更好地应用这项技术。

酒的分类

酒可按原料来分类。一类是谷物酒，也就是以谷物为原料所酿的酒，这种酒基本上就是用淀粉类原料所酿的酒。另一种是以水果为原料所酿的酒，通称水果酒。另外，也可以按工艺来区分酒类，我觉得这种分类比较完整。

酿造酒

将淀粉或糖类原料发酵完成后，用压榨的方法，将汁和渣分开，再做过滤或澄清处理，这样所得的酒称为酿造酒，也叫压榨酒（即发酵原酒）。黄酒、绍兴酒、马祖老酒、女儿红、红曲酒、葡萄酒都属于酿造酒。这种酿酒方式不需太多的工具设备，较适合家庭酿酒，而且营养成分较易保存下来。

在酒类中，酿造酒的用途最为广泛，不仅具有一般酒的饮用功能，还有许多其他方面的用途。

在饮用方面，酿造酒的香气较浓郁，酒性因酒精度低而较温和，营养成分也较丰富。世界各地都有用不同原料酿造的不同酒品，丰富了当地的饮食资产。

在调味方面，酒中含有不少氨基酸等呈味物质，在烹调食物时，酒不但可去腥味，而且可以增加食物的鲜味。

在药用方面，黄酒有"百药之长"的美称，是中医上很重要的辅佐药，俗称"药引子"。中药处方中常用黄酒浸泡、烧煮、蒸灸某些中药材或调制成各种药酒，这些药酒具有药用价值与保健价值，冷饮有消食化积和镇静的作用；热饮能驱寒去湿、活血化瘀，对腰酸背痛、手足麻木和震颤、风湿性关节炎、跌打损伤皆有益。

蒸馏酒

用蒸馏的方法获得的酒精度较高的酒液叫蒸馏酒。通常我们会把酿造酒加以蒸馏得到清澈透明的高度酒，例如高粱酒、五粮液等。这种酒一定要先经过酿造，然后再经过特制设备的浓缩、分离、萃取变成清澈透明有香气的液体。蒸馏酒由于酒精度高可以长久保存。

配制酒

配制酒又称再制酒或合成酒，一般由酿造酒、蒸馏酒或食用酒精配以香精、药材等制成，药酒、五加皮酒、养命酒等都属于配制酒。它是利用单一或混合基酒作为酒引，加入研发的配方来创新或改变口感、色泽、风味和功能的调和酒。

古人制酒是从酿造酒开始的。古代很多医疗书籍中都有酒用于医疗的记载，有内服的药酒、保健酒，还有用于治跌打损伤的外用洗药，可退瘀青红肿，这也证明很久之前就有配制酒的存在。古人将有用的中草药浸泡于酒中，萃取出有效的成分，这些都是由专门的工匠完成的。

先生，你的酒

酿酒的原理

如果要深入了解酿酒，一定要先了解其原理。一般而言，酿酒是利用微生物的发酵作用，由谷物或水果制造而成的。以谷物酒为例，其酿造过程是先利用酒曲中的微生物（根霉菌）分泌的淀粉分解酶将淀粉分解成葡萄糖，这一过程称为糖化作用；然后再利用酵母菌把葡萄糖变成酒精，这一步称为酒精发酵。

以现代微生物学观点来看，利用酒曲酿造谷物酒，实际上就是一种先后利用两类微生物的生化反应进行酒精发酵的独特酿酒工艺。而酿造水果酒，主要是利用酵母菌将水果中的糖转化成酒精。

> 酿造谷类酒的化学反应：
> 淀粉+水→葡萄糖+热能
> 葡萄糖→酒精+二氧化碳+热能

酒精，学名乙醇，化学式为 C_2H_5OH，是酒中的重要成分。通常，酒精含量超过0.5%的饮料才能称为酒。

酒精度

酒精度是指酒液的温度在20℃时，每100毫升酒液中所含纯酒精的毫升数。

例如：高粱酒是53度，也就是说在20℃时100毫升高粱酒中含纯酒精53毫升（即53％）。市面上的饮用酒的酒精度一般不超过65度，如果过高就不适于饮用。一般的酿造酒自然发酵的

酒精度大都在19度以下，例如小米酒为9～11度、酿造葡萄酒为12度，糯米酒、红曲酒、绍兴酒均为16度。如果要酿造酒精度高于19度的酿造酒，大都必须调整产品的酒精度，例如很多用来调酒的进口水果酒，其酒精度都定在25度，除产品不容易变质外，应该是考虑了调和的方便性。

酒精度在40度以上的酒为高度酒；酒精度介于20～40度的为中度酒；酒精度在20度以下的为低度酒。

酒的糖度

酒甜或不甜主要取决于酒液中糖分的多少。这些糖分有的来自发酵中残留的糖，但大部分来自外加的糖，这样比较好控制。我们通常用白利度（Brix）来表示液体中的糖分含量。白利度又称糖度，它是指按重量计算的蔗糖百分数。

糖度的简单算法：成熟的葡萄可酿酒时自然的甜度大都在14度以上，自酿葡萄酒时都会另加25度糖（500克水果加125克糖，糖的比例为25%），酿酒时糖度合计有39度，由于酿出酒的酒精度是9度，等于只耗去约18度的糖，故39-18=21，此时酿好的葡萄酒内仍剩21度糖，所以喝起来甜度很高。如果酿酒时出酒不多，酒精度不高，则残留的甜度就更高，这就是传统葡萄酒与进口葡萄酒最大的差异。

与酿酒有关的术语

酿酒或制酒其实不是一件难事，有许多传承下来的模式可以套用。在酿酒或制酒前一定要多去了解酒的知识，可以减少很多困扰。搞明白下面的专有名词，你会对酿酒有更上一层的领悟。

酒曲： 以麸皮等谷物为原料，经接菌培养后，用于酿酒中糖化及酒精发酵过程的混合物。

大曲： 以大麦、小麦或豆类等为原料制成的酿酒用糖化发酵剂，富含多种霉菌、酵母菌及细菌等，多为大块砖形，例如曲砖、高粱曲。

小曲： 以稻米为主要原料，经接种根霉菌、毛霉菌、酵母菌制成的酿酒用糖化发酵剂，多为较小的方块或圆球。例如苏州甜曲、台湾白壳，由于用米粉为主要原料，成品较雪白。

散曲： 以麸皮等谷物为原料，接种纯菌制成的酿酒用糖化剂，大多保留了原料原本的形态，例如强化酒曲、粉状酒曲。

酒醅： 已发酵完毕等待蒸馏的物料。

酒醪： 自发酵起至发酵完成的物料。

熟成： 将酒类储存在特定的容器中或以人工方法使酒质醇熟、酒味柔和适口的过程，例如：将酒存于橡木桶中。

勾兑： 把不同批次与不同等级的同类型酒或不同类型的酒，按不同比例掺兑调配，从而使其符合同一标准，保持成品酒一定风格的酿酒技术。

调和： 以勾兑好的酒为基础，采用适合的酒或法律许可添加的呈香或呈味物质做调整，使其香气和口味能突出该产品典型风格的专门技术。

食用酒精： 指以谷类、薯类、甜菜、糖蜜、蜂蜜或水果等为原料，经酒精发酵、蒸馏制成的酒精度超过90%（v/v）的未变性酒精。

色酒： 酒液带有红、黄、绿等颜色的酒。

白酒： 酒液无色，一般酒精度较高，辛辣刺激味较重，如高粱酒、二锅头。不论发酵过程中有无颜色，只要经过蒸馏，所得的酒都会变成清澈透明的，所以有人直接把蒸馏过的酒通称为白酒。

黄酒：没有经过蒸馏过程所酿造过滤出来的酒，存放一段时间后，酒液颜色会偏黄，通称黄酒。有些酿造酒开始时的酒液是澄清的，如日本清酒，但经过熟成阶段，酒液就会变黄，逐渐褐变成茶色。绍兴酒等都属于黄酒系列。

酿酒的基本流程

谷物酒生产的化学反应是，淀粉经生化反应转变成葡萄糖，再由葡萄糖生成乙醇，同时释放出二氧化碳，产生热能。谷物酒生产的基本流程如下：

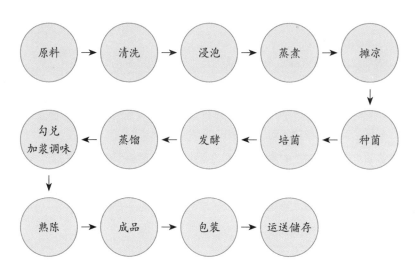

谷物、淀粉类酿酒工艺的基本流程

影响酿酒成败的要点

原料要选对

俗话说："粮是酒之肉"，可见酿酒原料与酒质的关系。事实上，不同的原料酿出的酒固然会不一样，但就算是同一种原料，由于品种和质量不同，酒质和出酒率也会有差异。酿酒原料的选择要优先考虑原料中淀粉或糖分的多少，这些与原料的出酒率相关。

比如酿小米酒时，本来应该用糯小米作为原料，有的人却因对小米的品种认知不够而买成没有黏性的籼小米，自然造成发酵状况不好、酒气不香、出酒量低、甜度不够、酒精度不高的现象。同样花时间花成本去酿酒，却酿不出令人想念的味道。

酒曲要加对

酒曲的种类直接影响发酵率、出酒率及酒品风味。早期因生物技术较不发达，人们思想较保守，认为这些酒曲都是独门绝技，只可以传子传孙，不能流落出去，形成很封闭的市场，所以各地的酒曲制作技术就出现百花齐放和各说各话的情形。但是专家研究发现，酒曲的制作不是那么复杂，很多酒曲添加了多种中药材，其实对出酒率或香气的增进不一定有帮助，但可防止竞争对手抄袭、复制以及重要元素外流。若无法分辨酒曲配方的真假，后代子孙会相当困扰。

季节要合宜

古人认为酿酒的季节气候很重要，因为季节气候不同，自然界分布的微生物群的种类和数量都有差异，故古人有"夏天酿醋，冬天酿酒"之说。现在我们认为，温控很重要。我这几年碰到的实例中以红曲酒最为明显，如果有恒温设备，一年四季都可以酿；若要靠自然天候来酿酒，在端午节之后、中秋节之前这段时间，即使是采用同样的原料酿的红曲酒，因季节不对、气温偏高，基本上都偏酸，口感不好，尤其对初学者来说，失败的概率较高。但若在中秋节之后开始酿，酿出来的红曲酒会偏甜，酒的质感也会不同，初学者会有随便酿都会成功的成就感。

操作要洁净

酿酒过程中要注意避免杂菌感染。操作环境是否干净，消毒工作是否到位，操作人员的卫生意识，都会影响酒的发酵质量。早期的一些自酿酒常会有馊水味，除了酒曲的因素外，还与原料的干净度及环境卫生有关。很多人仍有这样的观念：酿酒要经过蒸馏，等于最后都要杀菌，所以洗不洗米并不重要。其实，洗米是酿出好酒的一个关键。

早期在水蜜桃结果的季节，高山上常有自然落果或被动物损害的落果，果农将它们捡起来丢入塑料桶中，按比例加些糖，就放在水蜜桃树下用自然发酵法酿酒，等农忙期过后再去蒸馏成水蜜桃酒。这些酒的品质好坏跟操作过程的洁净程度有非常大的关系。

水质要处理

酿酒用的菌种，例如根霉菌、酵母菌或日本用的米曲霉菌，都是很敏感的微生物，水里稍有杂质，就会影响它们的生存与活动。俗话说"水是酒的血"，历来酿酒者都很重视酿酒用水的水质，要求无臭、清爽、微甜、适口。从化学成分上来说，酿酒用水需呈微酸性，以利于糖化和发酵；总硬度要适宜，以促进酵母菌的生长繁殖；有机物和重金属等均以少为佳。此外，水中所含微量矿物质有利于酿酒微生物的生长。

记得2001年在基隆八堵的山上，有位学员就用山泉水与自来水作比较来酿酒。用山泉水酿酒没问题，但是会存在山泉水的源头是否干净的疑虑；用自来水则会面临自来水公司所添加的氯是否浓度太高而影响酒曲发酵的疑虑。例如，每次台风过后我就会发现酒酿不起来，原因是那时的水较浊，自来水公司就会多加一些氯来杀菌，用这样的水酿酒，若酒曲效能不强，就会失败。后来，我发现只要多准备几个水桶就可以解决，用水桶装水放置一个晚上，氯气会挥发掉。现在更简单，只要用可以喝的过滤水，就可以安全方便地去酿酒。

器具要适用

酿酒用的器具要材质精良、大小适中。设备材质如不精良，酿出的酒很可能会含铅。酿酒过程基本上都是人在操作，所以酿酒设备用具必须符合人体的需要与方便性，大小、高度、动线流程要符合需要。

火候要适宜

酿酒过程的温度控制要适宜。不管是发酵过程还是蒸馏的火候都要注意。霉菌、酵母菌最适宜的活动温度是30℃左右，温度过高或过低都不利于霉菌和酵母菌活动。发酵过程的温度、湿度控制及后期发酵的管理都会影响酒质。

接菌（向原料中布菌撒酒曲）的温度没控制好是初学者常有的问题，因为许多酿酒书或老师傅交代：要等到饭摊凉后才可布菌。结果常因温度不够，酒曲菌生长力不足，初期竞争不过杂菌，导致杂菌长出，影响酒曲的风味及糖化能力，最后自然影响出酒率及质量。

正确的做法是依照当下使用的微生物的特性，在最佳生产及发酵条件下接菌布菌，让它们在最适宜的环境温度下快速成为优势菌种，其他杂菌自然就无立身之地。这也是为什么用同样的原料，最终酿出的酒的酒质仍有相当大差异的原因。

储酒的容器

一般来说，酒的存储容器用陶瓷瓮缸最好，玻璃容器次之，不锈钢容器再次之。临时装酒也可用塑料容器，但不可用于保存，还要考虑酒精度的高低与装好后的停留时间。另外，酒须避开易燃、易爆物品与光线保存。

尽可能不要将酒存放在不锈钢以外的金属器皿中，即使用不锈钢容器也最好是304或316这种耐酸碱的类型。因为酒中所含的有机酸对金属有腐蚀作用，会使酒中的金属离子含量增加，不利于人体健康。酒类的卫生标准中有一项含铅量的检查，酒中的铅大部分来自酒的储存容器。另外，酒中的水也易引起金属氧化，从而降低酒的香气，还会使酒变色。

酒中的有害成分

杂醇油

杂醇油是在制酒的过程中由蛋白质、氨基酸和糖类分解产生的副产物，主要成分是异戊醇、戊醇、异丁醇、丙醇、异丙醇、己醇和庚醇等。它们有强烈的气味，是白酒的芳香成分之一，也是造成不同品种的酒，甚至是同一品种或同一酒厂各批酒质量有差异的因素之一。

原料中蛋白质含量较多时，酒中的杂醇油含量也较高。但杂醇油含量过高，对人体会产生毒害作用，使神经充血，引发头痛，也就是人们常说的"上头"。

杂醇油的毒性及麻醉力比乙醇强。例如杂醇油中的戊醇的毒性约为乙醇的40倍，它在人体内的氧化速度却比乙醇慢，在体内停留的时间也较长。

杂醇油中各种成分的沸点一般都高于乙醇，例如丙醇沸点为97℃，异戊醇为131℃，而乙醇只有78℃，所以饮料酒在蒸馏时要掌握好蒸馏温度，超过乙醇沸点的蒸馏物要除去，以减少成品酒中杂醇油的含量。

醛类

制酒的发酵过程中或酒精酸败时，部分的醇能氧化成醛类。酒中的醛类，有低沸点的如甲醛和乙醛等，有高沸点的如糠醛、丁醛、戊醛、己醛等。醛类的毒性比醇类大。人们常用来消毒和固定生物标本的福尔马林就是40%的甲醛水溶液。如果每升酒液中含30毫克甲醛，就会对人体的黏膜产生刺激作用。

醛类急性中毒时，人体会出现咳嗽、胸痛、灼烧感、头晕、意识丧失和呕吐等现象，有时还有肠胃疼痛的症状。

要降低酒中的醛类含量，就要在蒸馏时严格控制温度，除去最先和最后蒸馏出的酒液，即所谓的"掐头去尾"或称为"去甲醇"，最好酒精度达到10度就断尾。

甲醇

甲醇俗称"木精"，是一种无色易燃的液体，可以无限溶于酒精和水中。

酒中的甲醇，有可能是原料中的果胶经水解及发酵生成的。用果胶较多的原料酿酒，成品酒中的甲醇含量也相对会增加，当然，用一般的原料酿酒，也会产生一定量的甲醇。

甲醇对人体有毒害，纯的甲醇60~250毫升的剂量即可致命。它在体内有蓄积作用，不易排出体外，其氧化产物为甲酸或甲醛，毒性更大。甲酸的毒性是甲醇的6倍，甲醛的毒性是甲醇的30倍。这就是为什么极少量的甲醇有时也能引起中毒的原因。

甲醇急性中毒的主要症状是头痛、恶心、胃部疼痛、衰弱、视力模糊，继而可能发生呼吸困难、呼吸中枢麻痹，甚至死亡。即使幸而恢复过来，中毒者也常发生失明。甲醇慢性中毒的主要表现是黏膜刺激症状、眩晕、昏睡、头痛、消化障碍、视力模糊和耳鸣等。

果胶在过熟的腐败水果、白薯、白薯皮、糠麸、马铃薯以及野生植物（如橡子）中的含量都比较多，用这些材料酿的酒，如不能有效降低甲醇含量，则不适于饮用。

氰化物及铅等

酒中还可能含有一些别的有害物质，如用木薯、野生植物等酿酒时，原料中的氰或氰化物就有可能会进入酒中。

氰化物有剧毒，中毒轻者流涎、呕吐、腹泻、气促；严重的会呼吸困难、全身抽搐、昏迷，在数分钟至两小时内死亡。

铅是对人体有毒的金属，慢性铅中毒的主要症状是头痛、失眠、肌肉萎缩、皮肤苍白、视觉障碍、腹痛等，晚期可引起肾炎、动脉硬化甚至尿毒症。急性中毒时会有口渴、流涎、恶心、呕吐、阵发性腹绞痛、头痛、抽搐、瘫痪、昏迷、循环衰竭等症状。

酒中的铅主要是由蒸馏器、冷凝导管、储酒容器中的铅经溶蚀而来。不需蒸馏和冷凝的酒，例如水果酒，本不应含铅，但如果掺了白酒，很可能把白酒中的铅带进来。所以为了降低酒中铅的含量，应尽可能用不含铅的金属器具来制酒和盛酒。

微生物

微生物是在我们日常生活的环境中无所不在的东西，尤其在食品卫生上一直威胁着人类，如何善用有益微生物，抑制有害微生物一直是重要的课题。在酒类生产过程中，生产者常利用原料的选择搭配、环境或原料的温度与湿度控制、设备大小、空气量等来帮助有益酿酒的微生物大量繁殖，相对就能抑制有害的微生物生长。水果酒在酿造中很容易被杂菌侵蚀发生败坏，国外的酿酒专家常在酿酒过程中加入一些二氧化硫，可以抑制杂菌生长，还有预防氧化的作用。但二氧化硫使用量过多对人体有害。

为了保证饮用者的健康，酒中的杂醇油、醛类、甲醇、氰化物、铅及二氧化硫含量都不允许超过标准。每一种酒生产出来之后，要经过详细检验，各项卫生指标符合要求才能投放至市场。自己酿亦如此，对原料的选择、清洁，对环境的管控都要随时注意，有付出才能酿出好的酒来。

酒为什么会变坏

酒的败坏通常是因为杂菌污染。引起酒败坏的微生物主要为野生酵母、霉菌和醋酸菌（Acetobacter）、乳酸菌（Lactobacillus）、乳酸链球菌（Leuconostoc）、微球菌（Micrococcus）和球状菌（Pediococcus）等菌类。

影响酒中微生物生长的因素

酸度或pH值：酒的pH值越低越不易损坏。微生物生长的最低pH值，因微生物的种类、酒的种类及酒精含量而异。当pH低至3.3~3.5时，乳酸菌仍可生长。

糖的含量：含糖量在0.1%以下的酒，因含糖量低，很少被细菌败坏；含糖量达到0.5%～1%时，则易于败坏。

酒精浓度：微生物对酒精的耐力因种类而异。10%的酒精可抑制纯发酵性乳酸杆菌的生长；14%~15%的酒精可抑制醋酸菌对酒的败坏。酒精度超过14%时可抑制乳酸链球菌的生长；酒精度达18%时可抑制杂发酵性乳酸杆菌（个别可耐受到20%）的生长。

生长所需的微生物浓度：醋酸菌可以自制维生素，但乳酸菌却依赖外界供给，其主要来源是酿酒酵母。附属生长品存量越多，乳酸菌越易生长，从而引起败坏。

单宁浓度：可向酒中加入单宁与明胶（Gelatin）作为澄清剂，以阻碍细菌生长。

SO_2的存量：一般加入75~200ppm的SO_2可阻止微生物对酒的败坏。

贮藏温度：在20~35℃时，酒的败坏速度最快；当温度接近冰点时，败坏速度会减慢。

空气的可用度：缺乏空气，可阻止需养型微生物如霉菌、产膜酵母和醋酸菌的生长；但乳酸菌在没有氧气的环境中仍生长良好。

酒的健康喝法

尽可能把酒温热再喝：酒加热之后，一些低沸点的醛类会受热挥发。尤其是酿造的黄酒类，如绍兴酒或清酒温热着喝，会觉得非常舒服顺口。

腹中没有食物勿喝酒：当人的胃肠中空无食物时，乙醇最容易被吸收，当然人也最易醉倒。

尽可能不要多种酒混饮：不同的酒除了都含有乙醇外，还含有其他成分，其中有些成分不宜混杂。

不要用药酒作宴会用酒：药酒一般含有多种中草药成分，可能与食物中的一些成分发生作用。也不要将药酒类的酒当作饮料酒喝，对健康不利。

饮酒后切勿泡温泉：酒精可以使人体基础代谢增加、血液循环加速、心跳加快、血压升高，同时会消耗大量能量。而泡温泉会加重这些反应，带来安全隐患。

相识

酿
酒
的
材
料

早期的酿酒，其实都是在模仿，往往是依据别人的成功经验去复制，不一定是因为了解原理才去做。看了阿嬷的酿酒法之后，你会发现酿酒其实很简单；但如果用学术研究的眼光去探讨，又会发现它很复杂。所以请先调整心绪，搞明白自己想要的是什么。以专业的酿酒态度去酿酒，或以充实生活的心态去看待，出发点不同，结果就不同。

酿酒的原料

　　可以拿来酿酒的原料，世界各地都有，可以说是种类繁多，问题是酿出来的酒是否安全，是否可以让人接受，是否可以在市面上有一定的销售规模。有些生产出来的酒，因酒精度过高不适合直接饮用，但可用于工业或调味，这种改变使酒类产品的市场得以扩大，更可大规模生产，食用酒精就是一个例子。如果要酿出可以喝的酒，它的原料一定要是可以直接吃的食物才安全。

　　粮食或淀粉类酿造酒的原料来源很广泛，常常因地区而不同，大致上可分为三大类别：

　　淀粉类原料：此为主原料，如高粱、玉米、红薯、大米、麸皮、小米、红藜等。

　　含糖类原料：属补充原料，如糖蜜、甜菜、糖渣等。

　　纤维原料：此类原料需先经过特殊的化学处理，使原料内的纤维转化成糖后，才能用于酿酒。这类原料加工成本高，产糖少，不是理想原料，如稻草、木屑和棉籽壳。这类原料多用于工业燃料的生产，不用于饮用酒。

　　水果类酿造酒的原料也因地区而异，常用的原料有葡萄、水蜜桃、苹果、梅子、荔枝、李子、菠萝等。

另外，香辛原料也是形成酒类风味的重要材料，例如有特殊芳香与苦味的啤酒花、琴酒的原料杜松子等。

酿酒的用水

俗话说："好酒必有佳泉，水是酒的血。"从广义上来讲，水是酿酒不可缺少的重要原料。酿造酒的水分含量高达80%以上（啤酒中含有95%的水分），可见水的重要性。

家庭酿造酒的用水要求与一般酿酒用水相同，只是家庭酿酒用水量较少，我们不太可能花大钱去改善用水。有的家庭酿酒者为了追求水的质量而去购买专门泡茶用的泉水，但使用自来水酿酒仍是主流，可以等到自来水中的氯气挥发后再使用。

酿酒用水一般可分三类：工艺用水（生产过程用水）、冷凝用水（蒸馏过程用水）、加浆勾调用水（调酒精浓度用水）。

在酿酒过程的每一阶段，对水质皆有严格要求，固形物、微生物、有害气体、盐类、水的硬度等都有相应的要求。水的硬度是衡量水质好坏的重要化学指标，例如清爽型的啤酒需使用软性水制造，而浓厚型的啤酒则可使用硬度较高的水。其主要原因是水除了能直接影响酵母的生长与酶的反应外，水中的矿物质也会改变酒的风味。一般而言，蒸馏酒由于需经过蒸馏，对酿造用水的要求要宽松些，但对调和用的水则要求很严。

酿酒用的微生物

参与酒类生产的微生物，归纳起来有霉菌、酵母菌、细菌三大类。在我们的生活中，每天都会不知不觉接触到这三类菌，它们扮演了非常重要的角色，要学酿酒就要先认识它们。

霉菌

西方国家认为霉菌是酒类的污染菌，会带给酒不良的气味。但东方民族，尤其是中国及日本，把霉菌视为酒类重要的糖化菌及风味来源。霉菌在自然界非常多，在酿酒的世界中主要是根霉菌（Rhizopus），还有米曲霉菌（Aspergillus）和红曲霉菌（Monascus）。这三种霉菌可作为糖化菌，将淀粉分解成葡萄糖，同时带来不同的风味。根霉菌在生产繁殖过程中会分泌出大量淀粉酶，能将谷物的淀粉糖化，制作甜酒酿即以此菌为主要微生物。日本的酿酒霉菌以米曲霉菌为主。米曲霉菌的最适生长温度为37℃，制曲温度为30~40℃，下缸温度为20~30℃；根霉菌的最适生长温度为37℃，制曲温度为25~35℃，下缸温度为25~35℃。

酵母菌

自古以来，酵母菌就是发酵产业的重要微生物，所以早已实现工业化生产。酵母菌属好氧兼厌氧型微生物，也就是说其增殖初期需要氧气协助，生长旺盛阶段可在无氧状态下工作。因此，在酿酒过程中，对发酵环境中空气量的调节及酿酒温度的控制足以影响出酒率。

酵母菌是形成酒类风味的必需因素，酒的主体香气成分绝大部分是酵母菌在发酵过程中产生的，这些香气成分的种类有千余种。酵母菌在不同的环境下会产生不同的香气成分，主要是因为醇、酸和酯的种类不同。

研究发现，酿酒酵母的最适生长温度为28~30℃，最适生长pH值为4.5~5.5；最适发酵温度为30~35℃，最适发酵pH值为4~5。一般酵母的最适繁殖温度为25~28℃，最适发酵温度为25~40℃，致死温度为70℃。

酵母菌繁殖的最佳糖浓度为10%，在超过30%的糖浓度下，酵母菌将难以增殖。

酒精浓度达到10%以上时，酵母菌的繁殖与发酵均会受到抑制，但特别培育的酵母菌可耐受20%的酒精浓度。

以上数据可供酿酒者参考，作为酿酒过程中改善或补救的依据。例如，常有学员问：我酿的酒四五天都没有一点酒味，也没有坏，我怀疑是忘了放酒曲或酒曲放得太久失效了，是否可额外补充或倒掉重做？此时就可以根据上述的条件自己判断补救。如果糖度太低，就适当补些糖；如果酒精度没超过10度，再放些菌种会帮助发酵；如果发酵不好，可能是受环境温度或发酵酒醪本身温度的影响，去改善即可。

细菌

在酿酒过程中，一般所谓的"杂菌污染"就是指细菌的污染，细菌污染对酿酒的危害极大，主要的污染菌是乳酸菌和醋酸菌。

在酒（尤其是葡萄酒等水果酒）的发酵过程中，适量的乳酸菌有抑制腐败菌生长的功能，且可使酒质较丰厚复杂或使葡萄酒的酸度降低。乳酸菌在发酵时会产生乳酸及乳酸乙酯，影响出酒率及酒质。但酒中乳酸含量太大，会使酒有馊味、酸味和涩味；乳酸乙酯过量则会使酒有青草味。

醋酸菌因为产酸能力很强，对酵母菌杀伤力很大，会将部分原料的糖转化成酸。故醋酸菌超量，将会使酒呈现刺激性酸味，更会严重阻碍发酵的正常进行，引起酒质变坏。

另外，产膜酵母菌（Mycoderma）可使酒精氧化变为醋酸及二氧化碳，对糖类无发酵力，是另一种常见污染菌。

一般酵母菌和霉菌的最适pH值趋向酸性，细菌和放线菌的最适pH值为7.0~8.0，酵母菌的最适pH值为3.8~6.0，霉菌的最适的pH值为3.0~6.0。

历史悠久的酒曲

周朝的《书经·说命篇》有云："若作酒醴，尔惟曲糵。"这说明当时的人们已开始利用微生物制曲酿酒，用的是天然的曲糵。近代中国的文心芳先生认为上古时代的曲糵就是发霉的和发芽的谷粒的混合物，古人将这些天然的曲糵浸入水中，自然发酵成酒，所以说古时的曲糵是我国最早的酒曲。

经过不断的研究改进，人们逐渐做出了人工曲糵及人工酿的酒。以现代科学来分析，天然曲糵的形成，应是发芽为主，发霉次之；而人工曲糵与天然曲糵最大的不同之处在于谷粒已粉碎，粉碎的谷粒失去了发芽能力，用于制曲时只能依靠微生物的作用。

现存古籍中，最早的酿酒著作，首推北魏时期贾思勰所著的《齐民要术》。他系统地收集和总结了当时的酿造技术，全书十卷九十二篇中有十篇是专论酿造技术的。而这十篇中，有四篇是论制曲技术的，书中对各种制曲及酿酒方法，都有详尽的记录。时至今日，它对中国制曲及酿酒工业仍具有重要的参考价值。

酒曲的分类

　　酒曲一般分为大曲、小曲、红曲、麦曲、麸曲，每种又有各种细分。

大曲
　　传统大曲：包括清香型曲（低温曲）、浓香型曲（中高温曲）、酱香型曲（高温曲）。
　　强化大曲：添加各种纯菌种培养而成的酒曲。
　　纯种大曲：直接以纯菌种培养而成的酒曲。

小曲
　　黄、白酒曲：包括传统小曲（如药曲、蓼曲等）和纯种小曲（如麸皮根霉曲、米粉根霉曲）。
　　甜酒曲：包括传统曲及纯种曲（麸皮根霉曲、米粉根霉曲、浓缩甜酒曲）。

红曲
　　包括传统红曲与纯种红曲，另有乌衣红曲和黄衣红曲。

麦曲
　　传统麦曲：包括草包曲、专曲、爆曲、挂曲等。
　　纯种麦曲：包括盒子曲、窗子曲、地面曲、通风曲等。

麸曲（包括酵母）
　　纯种酵母：包括液态酵母、固态酵母、活性干酵母。

纯种麸曲：包括盒子曲、窗子曲、地面曲、通风曲、液体曲等。

细菌麸曲：利用芽孢杆菌培养制成的酒曲，具有一定发酵力。

生料酒曲：

在1984年左右，世界能源危机意识抬头，为了节省能源，人们研发出生料酒曲。生料酒曲不同于一般酒曲，主要的作用在于分解生淀粉。通常生淀粉所需的分解力为熟淀粉的一万多倍，而且生淀粉不溶于水，能作用于生淀粉的糖化分解酶必须与生淀粉间有强力吸附作用。经学者专家试验，根霉菌的分解活性效果最好。而在各种生淀粉中以米淀粉最易被分解，经过大约6小时，分解率可达50%以上。

生料酒曲是一种多功能微生物复合酶酒曲，内含糖化剂、发酵剂和生香剂，能直接对生原料进行较为彻底的糖化发酵，且出酒率较高，具有一定的生香能力。

神奇的红曲

红曲是将红曲霉菌接种在稻米上培养而成的，它在中国的应用已有千年以上的历史，是老祖宗留传给我们的宝贵资产。

红曲又名丹曲、赤曲、红米、福曲,《本草纲目》记载它"甘、温、无毒","消食活血、健脾燥胃,治赤白痢、下水谷。酿酒、破血、行药势、杀山岚瘴气、治打扑伤损,治女人血气痛及产后恶血不尽"。

它是古代常用的药材,也是烹饪用的调味料以及制造酒、酱油、豆腐乳的重要材料。红曲除了可增进食欲、帮助消化、促进血液循环外,更是浙江、福建地区妇女坐月子的重要传统食补材料。研究已发现,红曲霉菌的次级代谢产物莫那可林K(Monacolin K)类化合物,对高胆固醇、高血脂、高血糖、高血压、癌症等疾病的患者有保健功效。这使得它深受国际医学专家瞩目,堪称21世纪最时髦的保健食品之一。

红曲霉菌

红曲霉菌(Monascus)为子囊菌门、不整子囊菌纲、散囊菌目、红曲菌科、红曲菌属的真菌。其初级代谢产物为芳香物质(酸、醇、酯),次级代谢产物为色素(红、黄、橘)、胆固醇合成抑制剂(Monacolin)及抗腐败物质(Monascidin)。

红曲霉菌菌落形态

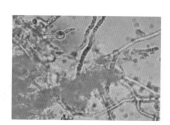

显微镜下的红曲霉菌菌丝

相知

酿酒必备技能

酿酒前要先做好准备工作，清洁打扫是最基本的工作。家庭酿酒前的准备主要在于备妥原材料及确保酿酒设备、环境的清洁、安全。

器具的选择

酿酒的器具可根据自己的财务状况准备。例如，下面所说的发酵桶，可以用家中合适大小的不锈钢锅替代，或者买一个专用的发酵罐或发酵缸。我常做甜酒酿吃，用电饭锅的内胆直接装饭就能发酵到可以吃。至于测量设备，能配备最好，但不一定必备才能酿酒，用观察品尝的方法也很安全方便。

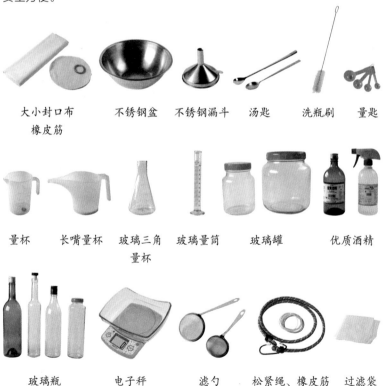

大小封口布　　　不锈钢盆　　不锈钢漏斗　　汤匙　　　洗瓶刷　　量匙
橡皮筋

量杯　　　长嘴量杯　　玻璃三角　　玻璃量筒　　玻璃罐　　　优质酒精
　　　　　　　　　　　量杯

玻璃瓶　　　　电子秤　　　　滤勺　　松紧绳、橡皮筋　　过滤袋

蒸煮饭设备

常用的蒸煮饭设备是电饭锅，效率高又方便。我比较喜欢用传统的木蒸斗蒸饭，一次少则蒸0.6千克米，多则可蒸30千克米。

木蒸斗　　　　　　　　泰式蒸饭器　　　　　　　　泰式蒸饭器

发酵桶

发酵桶用于发酵过程中盛装酒醪。一般来说，酿酒用的容器以陶瓷罐最好，但考虑到方便性与成本及陶瓷器釉的质量，也可以用塑料桶。因为酿酒过程中酒精度较低，塑料桶不会溶出味道，再加上塑料桶很轻，搬运方便，不易打破，用5年以上应该没问题。

储酒桶

酒厂一般用不锈钢桶（家用水塔桶要考虑厚薄度）或特殊的耐酸碱塑料桶储酒，分装时再用玻璃瓶或塑料桶来装酒，如要考虑酒质仍应用陶瓷罐来储存。家庭式储酒建议直接用玻璃瓶来装，方便保存及饮用。但是要注意气密度，否则酒容易挥发。

酒精计

酒精计用于测量蒸馏酒的酒精浓度，有多种规格，家庭用可选择一组两支的（0~50度及50~100度），价格约20元人民币。若是酒厂用就必须考虑用更精密的一组10支的酒精计。其使用方法是：将酿好的酒倒入高瘦的玻璃量筒杯或装测定计的塑料筒中，然后将酒精计垂直放入液体中，此时酒精计会随酒精浓度的高低而浮沉，看液体表面与酒精计接触的刻度即为此酒液的初测酒精浓度。再对照标准20℃下的酒精度与温度换算表，即可得到蒸馏酒的正确酒精浓度。要注意的是，测定酿造酒的酒精度必须先定量，蒸馏后再测定与换算。

糖度计

可以使用糖度计或手持折光仪来测糖度，以调整原料及成品的糖度。

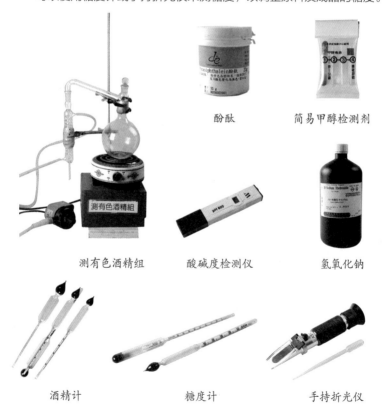

酚酞　　　　简易甲醇检测剂

测有色酒精组　　酸碱度检测仪　　氢氧化钠

酒精计　　　　糖度计　　　　手持折光仪

温度计

准备一支0~100℃的温度计即可，可用于控制布菌温度、发酵温度、酒精温度、室内温度。如果要安全最好用不锈钢温度计或电子温度计。

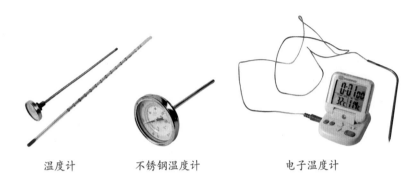

温度计   不锈钢温度计   电子温度计

锁瓶器

锁瓶器用于给成品手工锁瓶盖，一般分为两类：一种是锁皇冠盖用的，像马口铁啤酒瓶盖就常用此工具；另一种是锁长短铝盖用的，市面上大概85%以上的铝盖皆适用。

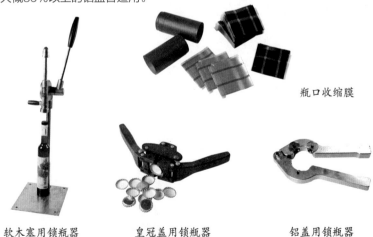

瓶口收缩膜

软木塞用锁瓶器   皇冠盖用锁瓶器   铝盖用锁瓶器

蒸馏器设备

蒸馏器可分离不同沸点的物质，常用于蒸馏酿造酒或萃取精油，一般由底部容器、冷凝装置、收集装置几部分构成。早期的蒸馏器多为铝制的，现在已全面改用不锈钢材质。传统的蒸馏器上盖俗称天锅，有冷却及收集酒液的功能。天锅大致有两种类型：一种为冷却器部位呈倒V字形的，利用天锅内边的沟收集酒的冷凝液；另一种为冷却器部位呈V字形的，通过在冷却器底部加装一个收集盘或碗来收集冷凝液。早期私人酿酒一般用直径约80厘米的铁炒锅，上盖铝制天锅，后来为弥补冷却回收效果的不足，大都会将天锅蒸馏设备再外接冷凝蛇管，将回收的酒液迅速出酒后降温。

在十多年前，我为了推广家庭DIY蒸馏设备曾改良过天锅蒸馏设备，利用34厘米的家用不锈钢锅作为底层装酒醪的容器，上面则用手工打造的天锅组，一次可蒸馏约3.5千克生米；若用于蒸馏水果酒或萃取精油，一次可蒸馏容量约为20升，至今，此设备仍然没有退出流行。

电子秤的使用方法

电子秤目前在家庭中应用得非常普遍，烘焙或制作面食都会用到，酿酒也是。电子秤主要用于定量，读者可依情况准备。

电子秤的价格不同，精密度也会有所不同，便宜的电子秤误差值在1~3克皆属正常，要了解其属性后再去调整。电子秤最好用的一个功能是归零和扣掉容器的重量，另外，单位的换算也要注意。

称量步骤

1. 先将电子秤开关打开，让它归零。注意使用的单位是否有误，以及一次最多可以称多少千克。

2. 将容器放于秤上，按一下归零键，将容器重量扣除。

3. 将原料放入容器中，电子秤显示的数字即为原料的重量。

【酿酒师说】

5克以内的重量不要单独称，误差可能会比较大。

容量单位的换算

1 大匙 = 15 克（g）= 3 小匙 = 15毫升

1 小匙 = 1 茶匙 = 5 克（g）= 5毫升

1 杯 = 16 大匙 = 240毫升

消毒用酒精的制法

环境中，微生物的踪迹无处不在，空气、桌面及我们的手上都有很多微生物存在。因此，在酿酒过程中一定要做好灭菌工作。早期的酿酒人在酿酒前一定会将工具做好清洁及曝晒，主要目的是消毒灭菌。除了日晒法，还有蒸煮消毒法，也可以用食品级消毒水消毒，但最方便的方法是用酒精消毒。医院有已调好的75%的消毒用酒精，在药店也可以买到75%的消毒用酒精。我认为，用购买的酒精消毒工具或环境应该没问题，如果要用于食品表面或罐内消毒，自己用食用酒精或精制酒精调制会更安心些，也会更便宜。

如何用食用酒精来杀菌或预防污染

杀灭微生物最有效的酒精浓度是75度（75%）。

在酿造醋、酒或制作其他发酵腌渍制品的过程中，只要酿制品表面有些污染出现，就立刻用75度酒精进行单次或多次消毒，等酒精液干燥后再用。

调制75度酒精的方法

1. 至药店购买95%的药用酒精。

2. 抽取75毫升的酒精，加蒸馏水或纯水20毫升，混合均匀后即变成95毫升75度的酒精。

3. 依此类推，按比例调制所需的量即可。

【酿酒师说】

1. 现在药店有现成的75度酒精，买来即可用，但不要买添加了香精或甘油的75度酒精。

2. 千万不要为了省钱，用蒸馏时去酒头的高度甲醇来当75度酒精灭菌。

测量酒精度

会喝酒的人，不一定需要会测酒精度，但会酿酒的人，一定要会测酒精度。

测酒精度的方法一般分为两大类，一种是直接测量清澈透明的蒸馏酒的酒精度，一种是测量带有颜色的蒸馏酒或是经过滤、沉淀后的带有颜色或透明的酿造酒。酒液有颜色或含糖量过多，都会影响酒精度测量的准确性。

测酒精度需准备的材料和设备

◎100毫升待测酒样品

◎100毫升的玻璃量筒

◎0~50度和50~100度量程的酒精计1组

◎10~100℃量程的温度计1支

◎20℃基准的酒精度与温度校正表1份（见附录）

◎500毫升或1000毫升容量的实验室玻璃蒸馏器1组

酿造酒、果蔬酒、有色酒的酒精测定法

1. 先取待测酒液100毫升。

2. 取一个实验室用的500毫升或1000毫升容量的玻璃蒸馏器，将所取酒液倒入其中，再加入100毫升蒸馏水，混合后一起蒸馏，收集100毫升蒸馏出的酒液。若收集到的酒液达到95毫升以上而未达100毫升，可再加蒸馏水将冷凝管底端的残液洗至接收瓶，补足至100毫升。

3. 将蒸出液彻底混匀，倒入100毫升量筒中，起泡性大的水果酒，可加一滴消泡剂。

4. 用温度计测出酒液的温度并记录下来。取出温度计，将适合浓度范围的酒精计放入待测酒液中。

5. 转动酒精计甩开多余的水，等酒精计停止不动时，即可记录与酒液液面平齐的酒精计刻度。

6. 根据测得的酒液温度和酒精度查"酒精度与温度校正表"（见附录），换算出正确的酒精度。查表时先找到刚才测出的酒精度，然后在左栏查找所测出的酒液温度，横轴与纵轴交叉处的数字即为真正的酒精度。

【酿酒师说】

1. 操作前要检查蒸馏器的各玻璃器材连接处（尤其是冷凝管处）是否紧密。

2. 接收瓶可置于水浴中，冷凝管的冷凝力要足够让酒液迅速冷却。

3. 挥发性酸含量超过0.1%，二氧化硫（SO_2）含量高于200毫克/升时，对此法会有干扰，此时需先将待测酒液中的酸中和再进行蒸馏。

4. 检查所用的酒精计是否为20℃规格，量筒等均须保持干净。

5. 没有经过校正的酒精计所测出的酒精度只能作为参考。

蒸馏酒的酒精测定法

1. 取待测酒液100毫升，装入100毫升的玻璃量筒中。

2. 用温度计测出待测酒液的温度并记录下来。

3. 将适当浓度范围的酒精计放入待测酒液中，同时转动酒精计甩开多余的水，等酒精计停止不动时，即可记录与酒液液面平齐的酒精计刻度。

4. 根据测得的酒液温度和酒精度查"酒精度与温度校正表"换算出正确的酒精度。查表时先找到刚才测出的酒精度，然后在左栏查找测出的酒液温度，横轴与纵轴交叉处的数字即为真正的酒精度。

测量酸度

测酒的酸度，一般是以测醋酸的酸度为主；也有些酒是测琥珀酸为主，如黄酒；还有些酒以测酒石酸为主，如葡萄酒。不管测哪种酸，方法都是一样的，只是换算的系数不同而已。

酸度的测定原理

根据酸碱中和的原理，以酚酞作指示剂（或使用酸碱度计），用碱标准溶液滴定待测液，根据碱的用量换算出样品中主体酸的含量。

试剂与仪器

◎0.1摩尔/升的NaOH（氢氧化钠）溶液（碱标准溶液）

◎1%的酚酞指示剂

◎1 毫升及10毫升玻璃吸管或针筒

◎100 毫升玻璃量筒

◎250 毫升玻璃三角瓶

◎玻璃滴定管

◎吸耳球

操作方法

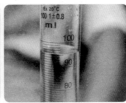

1 量取蒸馏水95毫升，倒入250毫升的三角瓶中。

2 吸取待测样品5毫升，注入三角瓶中。

3 吸取1%的酚酞指示剂3~4滴，注入三角瓶中，摇匀。

4 逐滴加入0.1摩尔/升的NaOH溶液，滴至三角瓶中的液体刚呈微红色，摇晃均匀至液体颜色不再消失即停止滴定。记下消耗的0.1摩尔/升NaOH溶液的体积（V）。

换算公式

酒中总酸含量（克/100毫升）（以醋酸计）= V × C × 0.06 ÷ V1 × 100

其中，V代表消耗的0.1摩尔/升NaOH溶液的体积（毫升），C代表NaOH浓度（摩尔/升），0.06是醋酸的毫摩尔质量（克/毫摩尔）（醋酸的系数），V1代表吸取样品的体积（毫升）。

即V × 0.1 × 0.06 ÷ 5 × 100 = 醋酸的酸度 或V × 0.12 = 醋酸的酸度。

◎1摩尔（mol）= 1000毫摩尔（mmol）。

◎通常把1摩尔物质的质量，叫作该物质的摩尔质量（符号是M）。摩尔质量的单位是克/摩尔（符号是g/mol）。

上述测酸度的方式是一种较简易可行的方式。另外，许多人用pH值表示酸度，这不是真正的酸度测定法，只能证明它是酸性还是碱性。有人用pH笔测酸度，出现数值后再加2即为样品的酸度，这种方法用于酸度在4.5度以下的样品可能会准，但用于酸度高于6度的样品如陈年醋时，误差就比较大。

◎琥珀酸的毫摩尔质量（克/毫摩尔）为0.059。

◎柠檬酸的毫摩尔质量（克/毫摩尔）为0.064。

◎苹果酸的毫摩尔质量（克/毫摩尔）为0.067。

◎酒石酸的毫摩尔质量（克/毫摩尔）为0.075。

◎草酸的毫摩尔质量（克/毫摩尔）为0.045。

◎乳酸的毫摩尔质量（克/毫摩尔）为0.090。

测量糖度

测糖度一般有两种方式。一种是用便宜的玻璃糖度计来测，其适用的范围很小，测纯蔗糖溶液的糖度较准确，但测水果的糖度误差相当大，而且要求样品汁液量要多，至少100毫升；另一种是用折光仪来测，只需要不到1毫升液体即可。通常我都是用折光仪来测糖度，只要一滴液体就可以测，不需要准备太多样品。每次用完折光仪一定要做好清洁保养工作，进光板接触到样品的部分要用水擦拭干净。

用传统糖度计测糖度

使用方法：

1. 取100毫升待测液，装至100毫升的玻璃量筒中。

2. 用温度计测出待测液的温度，并记录下来。

3. 将适当浓度范围的糖度计放入待测液中，同时转动糖度计甩开多余的水，等糖度计停止不动时，即可记录与待测液液面平齐的糖度计刻度。

4. 根据测得的液体温度和糖度查"糖度与温度校正表"换算出正确的糖度。实际操作中，由于温度对糖度的影响很小，一般都忽略它，直接以测得的糖度为实际糖度。

【酿酒师说】

若用来测纯砂糖溶液的糖度，结果精确度可信；若用来测水果汁糖度，结果仅供参考。

用折光仪测糖度

此法是目前最方便的测糖度方式。不同品牌的折光仪的精确度和耐用度都差不多。常见的折光仪有测0~32度糖度及0~85度糖度两种。可测糖度的范围越大，则折光仪视场的刻度就越小、越不明显，使用起来较为不便。如果不常测蜂蜜的糖度，建议买测0~32度糖度的折光仪即可。

使用方法：

1 使用前先打开进光板，用柔软的绒布将折光棱镜擦拭干净。

2 校正归零：将2~3滴蒸馏水滴于折光棱镜上，轻轻合上进光板，使溶液平均分布于折光棱镜表面，并将仪器进光板对准光源或明亮处，用单眼通过目镜观察视场，如果视场明暗分界线不清楚，则旋转目镜调节转环，将目镜贴近眼睛并保持平行，使视镜清晰。如果仪器未归零，可打开调节螺丝套胶，用手或螺丝刀旋转螺丝至明暗分界线（蓝色）回到零的位置。

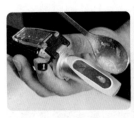

3 测糖度：将折光棱镜表面的液体擦干净，滴上一滴待测糖液，轻轻合上进光板，使溶液平均分布于折光棱镜表面。将进光板对准光源或明亮处，用单眼通过目镜观察视场，如果视场明暗分界线不清楚，就旋转目镜调节转环。将目镜贴近眼睛，保持平行使视场清晰，观察折光仪上的刻度并记录，这就是待测液体的糖度。

【酿酒师说】

1. 使用时要小心，不能碰撞和剧烈震动折光仪。

2. 使用折光仪时，用左手四指握住橡胶套，右手调节目镜（目镜调节转环），防止体温传入仪器影响测量精确度。

3. 折光仪使用后不能整支放入水中清洗，只能用干净的布擦拭。折光棱镜要用柔软绒布擦拭，以免刮伤。

4. 仪器应置于干燥处。

活化酵母菌

酵母菌的活化在食品发酵上是非常重要的一环,可以检查准备的酵母菌是否可用,有没有失效。虽然有些专家主张酵母菌不一定需要活化再使用,但我认为最好都做活化。花30分钟做酵母菌活化总比花四五天担心所用的酵母菌是否有活性来得好。甚至做发面面食时,我都坚持先将酵母菌加水活化,再加入其他原料混匀,让面食内部的发酵更细致。

活化工具

三角瓶、圆柱状量筒、温度计、酵母菌、砂糖。

活化步骤

1 取酵母菌10倍量的37℃温开水,注入三角瓶中。

2 在水中加入少许砂糖，使糖度介于 2%~3%。

3 加入称量好的酵母菌，充分摇匀。盖上纸张防止灰尘及小昆虫等掉入。

4 待液体表面产生厚厚一层泡沫时，活化即完成。

转桶、换桶

　　酿酒中所说的转桶或换桶是帮助发酵的一种方法，利用转桶、换桶的过程让发酵物接触到空气，增加发酵醪中的氧气量，从而帮助发酵。当然，也可利用转桶与换桶来澄清发酵液，提升酒液的质量。

澄清与过滤

　　酒的过滤是一门很重要的学问，如果酿酒后不急着喝，我会建议一律采取用澄清过滤的方式来处理酒液，效果很好又不花钱。很多时候只需不断用转桶换桶的方式澄清。

　　如何澄清过滤？澄清与过滤的差异在于，澄清只是静态的放置，内容物随时间增加而下沉，酒液从而变成清澈状。过滤就必须使用过滤袋等工具，经过一次或多次过滤让液体逐渐清澈。如果只做过滤，所得的酒液或多或少仍会有残渣，最后再澄清就可以达到很好的效果。家庭酿酒可多做粗过滤后再澄清，产品可达水平级以上，也不会因过滤带来不必要的异味。

　　我的朋友每年用此法酿黑后葡萄酒，效果很好，所得的酒澄清无沉淀。蒸馏酒最终一定会清澈透明，而酿造酒如果发酵良好，酒液最终也都会固液分离并自动澄清，此时只取上面的澄清酒液即可，最后再将渣集中压榨过滤，再集中澄清，重复做几次。

酿酒卷标记录

　　酿酒卷标记录分为两种。一种为生产记录，需详细记录品名、内容物、重量、酒曲或酵母菌量、温度或湿度、生产日期、生产过程的管控、原物料进货日期以及添加物等。另一种是商标标签。家庭酿酒的卷标上，一定要标记内容物及生产日期，否则半年或一年后，因陈酿的关系，酒的外观看起来都会差不多。

酒的熟成

酿好的酒，都要有一定的储存期，即经过压榨、过滤、杀菌后的新酒要在适当的容器中储存一段时间，让酒老熟陈化（也叫陈酿）。因为新酒普遍都有口味粗糙和香味不足、不柔和、不协调等缺点，而且酒中各成分很不稳定，分子之间的排列又很混乱，经过一定时期的储存，酒中各分子会发生氧化除醛、酯化、水合及分子间有序排列等复杂的化学和物理变化，使香气增加、酒味柔和，酒的品质从而得以提高。

酒的储存时间长短没有明确的规定，应该依据酒种和陈化速度来定。理论上陈化速度与酒中浸出物的多少及pH值高低等因素有关。根据专家的研究，普通黄酒一般储存一年半载就可以饮用，绍兴酒则需储存1～3年以上。储存酒的老熟度主要靠感官来判断。

长期储存酒的仓库温度最好保持在5～20℃，过冷会减慢陈酿的速度，造成酒精与水发生层析，破坏酒中各成分的融合性；过热会使酒精挥发耗损，酒液会发生混浊变质。

检查酒是否变质

一般检查酒是否变坏，可以先看酒液是否逐渐变浑浊、液面有无薄膜以及味道是否变苦或变酸。如酒液严重浑浊，表示酒已被杂菌污染，开始出现转坏的现象。如果酒液表面有薄膜，表示有其他菌存在。若薄膜是透明或果冻状的，大多是醋酸杆菌污染，酒会变酸，往酿造醋的方向改变；若薄膜是绒毛型的，大多是霉菌污染，酒液会逐渐变浊、发臭，口味会变苦、变酸或有异味，这表示酒已变质。

短期发酵与长期发酵

酒的发酵期通常与原料或酿酒者想要的风味有关。其实，发酵期的长短并不重要，重要的是酒的风味有没有达到预期的目标或者原料是否发酵完全、不浪费。早期自酿米酒的发酵期一般是1~3个月，主要是为了让酒质更柔顺，香气更饱满。现在酿米酒，夏季7天、冬季10天大概就可以完成发酵去蒸馏了。采用短期发酵和长期发酵酿出的米酒，如果用于烹饪和做再制酒差异似乎不大，如果直接饮用就会感觉到明显的差异。

酒粕的处理

酿酒后都会产生酒粕，传统的处理方式是将酒粕作为养殖饲料及种植肥料使用。在少数地方，人们将特殊的中草药加入酒粕中，做成腌渍料理用的调味包。目前经济价值较高的做法是将酒粕做成酒粕面膜或沐浴相关产品。

回味

谷类、淀粉类原料酿造酒

一般原料在天然或人工添加的酒曲（酿酒微生物）的作用下，不知不觉就产生了酒精，很多人因为不了解酿酒变化的过程，会误以为原料坏掉或不敢饮用。所以，我建议从甜酒酿开始学习，把酿酒的发酵过程与发酵变化彻底搞清楚。奠定基础后，如果准备充分，要酿出好酒真的不难。

谷物或淀粉类的原料一般都要经液化或糊化才可以用来酿酒。原料湿度不够，微生物难以生存，自然无法产生预期变化，所以要酿出好酒就必须先煮出好饭来。

如何煮饭

这里介绍三种设备的煮饭方法。第一种是用传统的蒸斗来煮饭，它的好处是一次可煮1~30千克的米，对家庭酿酒来说足够了，而且用它蒸出的饭又香又饱满。第二种是用电饭锅煮饭，它的缺点是一次煮出的饭量较少，优点是方便，技术层次较少。第三种是用闷煮法来煮高粱饭，它的优点是省燃料，能让带壳的原料裂壳，有助于酿酒微生物的生存。

木质蒸斗煮饭法

木质蒸斗有两种类型，一种是用一片片木板（多为松木）无缝拼合而成的，若木头有损坏，只需将坏的那片木板抽换掉即可。另一种是用大块梧桐木制作的，一体成形，缺点是木头裂开就无法补救，而且受木材天然直径大小的限制，无法做出太大的蒸斗。

1 先将称好的白米洗净，加水浸泡2小时（夏天）至4小时（冬天）以上。蒸煮前，白米要再清洗浸泡一次，直到不再有乳白色的米汁，以减少酸味。一般晚上泡上米，第二天早上就可以蒸饭，只是夏天温度过高时不可浸泡太久，每4小时需换水一次。

2 将洗好的米沥干后放入蒸斗中，也可以先将饭巾置入蒸斗中，再将沥干的白米倒入饭巾中。注意生米一定要沥干（若未沥干洗米水，水开时大量淀粉会变成糊状，造成蒸斗底部难以清洗或产生焦味），并慢慢放入蒸斗，不可压实米粒，保持米粒之间留有空隙以利于蒸汽加热。生米量最好小于木制蒸斗容量的八成。例如，蒸6千克米就需用7.5千克容量以上的蒸斗。用大蒸斗装少量的米也可以。

3 将装有米的蒸斗放入锅中，然后从蒸斗外围向锅中加水，注意水量不要超过蒸斗内的木底层（假底）。然后将汤匙或筷子插入蒸斗底部与锅之间制造出空隙，让水可以流入锅底下方。最好事先在蒸斗底部边缘锯两个相对的凹口，让锅中的水可以随时流入流出。另外，可以在蒸斗与锅之间围上毛巾或布以减少蒸汽外漏。

4 开始加热时，火可以开得大些，快速将锅内的水煮开产生蒸汽，数分钟后就会看到蒸斗内边缘有蒸汽上升。此时不要急着盖上盖子，一定要等到中间的米粒颜色转变并充满上升的蒸汽时才可盖上盖子，这样才不会产生半生半熟的现象。若蒸斗中蒸汽不够大或上升不够快，可以用长筷在米粒中间部位插几个洞（要插到底），蒸汽会沿孔洞快速上升，且中间的米粒会变色成半熟状。此时盖上上盖，并计时20分钟，期间不可以掀开盖子，如此蒸汽才会均匀地将蒸斗内的米蒸熟。

5 20分钟后将上盖打开，从上部加入几碗冷水（米饭会比较有弹性）或加热水（米饭会变湿软）调整饭粒的软硬度，如果此饭用于酿酒，要多加一些热水；若要做炒饭，就少加一些冷水。加入冷水或热水后，盖上盖子，再煮5~10分钟就可以熄火。熄火后不要掀开盖子，闷20分钟以上让蒸斗内的饭粒熟透，同时让饭粒吸收水分，然后倒出放凉。

【酿酒师说】

1. 当锅内的水煮开时，水位会升高，如果一开始锅中的水太多，水在沸腾后会进入蒸斗底层，造成最底部的米粒因浸水而被煮成稀饭，而且变黏的饭会阻隔底部的蒸汽上升，很容易煮出半生的饭。因此，锅中加水量不可过多。

2. 如果蒸斗底部与锅贴得太紧，水就无法流入锅底，这会让蒸斗底部烧焦。

电饭锅煮饭法

用电饭锅附赠的量杯量好生米的量，一般来说，1杯米为1人份的饭，大约可以煮成2碗饭。

1 将生米清洗3~4次。第一次洗米动作要快，洗过的米糠水要尽快倒掉。洗米的动作要轻，不能用力搓洗或磨洗。

2 将洗好的米加水浸泡（可以让煮出的米饭香甜可口）。夏天若温度高于30℃，浸泡30分钟即可，冬天则需要浸泡1~2小时。

3 向锅中加入适量的水。水量为米量的1.2倍较适宜。如果想要饭硬一些，则水与米的比例最好是1：1，甚至为0.8：1即可。新米用水量要少些，老米用水量要多些。

4 电饭锅开关自动切断后闷5分钟，然后打开锅盖用饭匙将煮好的饭拌松，再次按下电源开关，加热到电源键自动跳起，再焖5~10分钟即可开锅。香喷喷的米饭就此出炉。

【酿酒师说】

如果要煮圆糯米或长糯米，方法大致相同，但要注意加水量，水千万不要太多，米与水的比例为1：0.7，甚至1：0.65即可。电源键跳起后，最好开盖搅拌一下，否则饭的表面会有一层半生半熟的饭粒。

闷煮法（高粱饭煮法）

闷煮法省燃料，但需要拉长闷的时间。凡是带有硬壳的谷类皆可用此法煮熟，如高粱、红豆、绿豆、黄豆。

1 将原料洗净，浸泡1天（1个晚上）以上。要每4小时换一次水。

2 将浸泡后的原料捞起滤水。在锅中加入浸泡后原料1倍的水，若浸泡后的原料滤水后有10勺，那么就需加10勺水一起煮。最好先在锅中加入一半的水量煮滚，再加入已浸泡的原料，这样会煮得比较均匀且不会煳锅。

3 原料下锅后，等锅中的水快要煮开（水会均匀冒泡）时，就要搅动原料避免煳锅，然后盖上锅盖再煮5分钟后熄火。此时千万不要打开锅盖，闷上20~30分钟。若锅盖气密性不够，可将湿毛巾围在锅盖外围。

4 30分钟后打开锅盖，先彻底翻搅锅中原料不要让它沉淀煳锅，再开火煮。此时要特别注意水分是否太少，要不断翻搅直到剩下的水再次煮开（水会均匀冒泡）为止。盖上锅盖再煮5分钟，熄火闷20分钟，锅中的米即可达到全熟的程度，而且每粒皆已爆裂。

【酿酒师说】

1.盖上盖子再煮3~5分钟的目的是让锅盖内的空间充满热气，以利于闷熟饭粒。

2.如果加水量与原料量相同，则第二次加热到再次盖上盖子的时间会很短，此时不要离开，要不断地翻动快熟的原料，这一步很重要。

甜酒酿

　　甜酒酿既是酒类，也是食品。1984年我到新竹的眷村给同事拜年时，她的母亲煮了一碗鸡蛋甜酒酿给我。她们习惯在过年期间，用春蛋招待到访的客人。煮成半熟的荷包蛋泡在充满酒香的米粒汤汁中，香气浓郁。那是我第一次吃到甜酒酿。因为当时客家庄没有这类食物，回台北后我还特别到台大公馆市场去品尝酒酿汤圆作比较。

　　其实甜酒酿是老少咸宜的保健养生食品，通常酿造不到一个星期即可让家人朋友享用。甜酒酿的制作成本低廉，用600克圆糯米即可做出满满三罐600毫升的甜酒酿，而且不容易产生怪味道，新鲜、卫生又安全。

　　如果要学会自己酿酒，我认为一定要先学会酿甜酒酿，在操作过程中体会发酵原理，观察微生物，就能奠定用谷类或淀粉类原料酿酒的深厚基础。

　　甜酒酿的生产酿造流程就是发酵成酒的标准过程。也就是说，做甜酒酿是缩小版的制作流程，酿成酒就是放大的制作流程了。在酿甜酒酿的过程中，可以很完整地看到微生物在整个酿酒过程中的变化情况，也可了解霉菌在谷物类酿造酒中所扮演的角色。有机会还可以看到根霉菌由白色转变成灰色及黑色的成长过程。

　　从甜酒酿的发酵过程来体验酿酒原理是最直接、最实际、最有效的学习。通常可通过眼观与口尝来印证酿酒原理和理论。例如，第一天煮好糯米饭，放凉接菌，再放入发酵罐发酵，8小时后就会看到饭粒的变化，布菌后24小时饭粒会出汁，糖度可达到24~30度以上。第二天你可以观察饭粒出汁的情况，再用口尝一下感受糖度或用糖度计测糖度。

　　从甜酒酿还可以发展出多种酒，如先采用固态发酵，再加水稀释糖度帮助发酵,十几天后可变成小米酒或糯米酒类;若不加水,将发酵时间拉长,会变成黄酒、绍兴酒、花雕酒系列。所以用不同的原料、不同的菌种、不同的发酵时间、加糖或不加糖、加酒精或不加酒精,就能酿成不同的酿造酒,但酿酒的方法、原理及发酵管理是不变的。

总之,建议读者先学做甜酒酿,再进一步学好酿造酒、蒸馏酒及再制酒。学会甜酒酿等于学会多种酿酒法。

甜酒酿酿造过程

第一天:原料清洗→浸泡→蒸熟→放凉(放凉至30℃)→布菌(强化酒曲添加量为5‰,传统酒曲添加量为1%)→入缸发酵。

第二天:酒曲中的根霉菌进行糖化→将饭中的淀粉分解出糖汁(糖度为24~35度)→产生米香味。

第三天:继续糖化出汁(糖度变成约35度,发酵温度控制在30℃)→饭粒开始变湿下沉。

第四天:继续糖化出汁→饭粒变湿出汁,并逐步下沉、集中成团。

第五天:继续糖化出汁并产生少量酒精(糖度变成约30度)→饭粒继续变湿出汁,并向下集中成团。

第六天:酒糟的饭开始由底部往上浮并往中间集中→酵母菌进行酒精发酵过程。

第七天:酒糟的底部及旁边的酒汁逐渐增多→酒糟中的汁液已接近八分液面,此时甜酒酿已经可以食用。

第八天:酒糟的酒汁逐渐增多,快淹过所有酒糟饭,食用时需将酒糟搅拌均匀再吃。

标准原味甜酒酿的做法

成品分量：1200克

制作所需时间：夏季3~5天，冬季5~8天

材料：
◎圆糯米600克
◎甜酒曲6~10克（酒曲品种不同，添加量会有所不同）

工具：
◎1.8升发酵罐1个
◎封口布1片
◎橡皮筋1~2根

步骤：

1 将圆糯米用水洗净。如果要蒸，需浸泡2~3小时以上；如果要煮，圆糯米与水的比例为1：0.7。如果用电饭锅煮，可以不用浸泡，但饭粒通常会比较黏，最好浸泡20分钟后再按下电饭锅开关，外锅加1杯水。

2 将浸泡好的圆糯米用蒸笼、蒸斗或电饭锅蒸熟。蒸好后最好闷15~20分钟，再摊开放凉或用电扇吹凉。

3 饭的温度降至40℃时，加入适量冷开水（600克米约加150毫升水）调整饭粒的含水量，同时可以降温。

4 打散饭粒，让饭粒有点湿度，但罐底看不到水分。这样饭粒的接菌面积会更多。

5 等到饭粒温度降至30~35℃时，用手或其他工具平均布菌，拌至饭粒与曲均匀混合。可用双手轻轻将酒曲与饭粒搓揉打散，混合至米饭粒粒分明。若用块状酒曲，必须先将酒曲碾碎磨粉，以便饭粒均匀接触到菌粉。

6 先将罐口消毒，然后一手斜托玻璃罐底部，一手将拌好曲的饭粒装入罐中。可用白铁长汤匙将饭粒打散、打平，稍稍放凉后再放进罐中；趁米饭热时放进罐中亦可，可以顺便灭一灭罐中的细菌。

7 在酒醪的中间挖一个V形凹槽，让布菌后的酒醪容易通气，以利糖化菌生长，产生液化、糖化酶，也便于观察酒醪出汁情况。

8 将罐口及周围收拾干净，不要残留饭粒，减少米粒被污染的机会。

9 用酒精消毒封口棉布。

10 用棉布封盖罐口，外用橡皮筋轻套。酒醪温度不够时可用干净的布或毛巾包好发酵罐保温。酿酒初期一定要有足够的氧气，因为根霉菌好氧，所以只在罐口上盖布，不密封罐口。若要密封，可用塑料袋替代封口布。将发酵罐摆在温度较高的地方，保温在30℃左右（发酵温度太高或太低都不适合根霉菌生长），静置发酵，夏季3~5天，冬季5~7天，甜酒酿即制成。

【酿酒师说】

◎关于布菌

1. 布菌入缸12小时后，即可观察到饭粒表面出水，这是饭粒中的淀粉被根霉菌糖化及液化所产生的现象，此时出的汁含糖量很高（糖度为24~35度）。

2. 布菌时，若糯米饭太凉，因为起始温度低，整体的发酵会慢几天；若糯米饭太烫，酒曲中的菌会被烫死，有可能发酵不起来。

3. 如果饭粒煮得太干，可加些冷开水（600克米约加水150毫升）拌曲。甜酒酿基本上不需要额外加水去发酵，若想增加卖相让产品看起来很多，可另加入冷开水，添加量以生米量的0.5倍为最高量。

4. 甜酒酿发酵时，温度太高或太低都不适合根霉菌生长糖化，保温在30~35℃很重要。

◎关于灭菌

1. 装饭容器或发酵容器一定要洗干净，不能有油或盐的残留，否则酿酒会失败。

2. 发酵过程中，饭的表面会长出白色菌丝，这是酒曲中的根霉菌，不必担心，直接搅拌到饭中即可。若不管它，它会先长出白色菌丝，再变成灰色菌丝，3~4天后会长成黑色的菌丝，在放大镜下看可看到如气球系绳状的黑色根霉菌。这种情况不是坏掉。（但出现绿色、红色、黄色或橘色菌丝时，有可能是青霉菌、黄曲霉菌感染，建议丢掉。）

3. 甜酒酿因为含酒，多少会有点甲醇，但我们常忽略它的存在，如果在发酵完成后灭菌，甲醇会挥发掉。

4. 制作过程中要时时灭菌。双手以及使用的器具、容器均需用75%的酒精喷雾消毒。

◎风味判断

1. 若条件得宜，米饭静置糖化发酵36小时后就有可能酿制成甜酒酿。若72小时后（封口后3天）额外加水，它会继续发酵变成酒醪；若被空气中的醋酸菌感染则会变成米醋醪。如要加冷开水一起发酵，以加入0.5倍水为原则，发酵5~7天后榨出来的酒汁就是糯米酒，其酒精度在9~11度。

2. 若发酵罐中的出汁已淹至饭面或达到九成高，表示这罐甜酒酿已可以食用。

3. 一般发酵3~5天后，酒醪中会不断产生糖分、酒汁，此时就可以开封食用（酒精度在3~7度之间）。甜酒酿以一周内吃完为最佳选择，如果吃不完，一定要放入冰箱冷藏，以减缓发酵速度。

4. 甜酒酿发酵太久出汁会较多，但饭粒会逐渐变得微黄，且酒精度会提高，糖度会降低，同时会产生尾酸或有微苦味；再酿久些则可变成米酒、绍兴酒或米醋，饭粒会变成空壳状。

5. 好的甜酒酿应该是饭粒饱满、洁白，闻之有淡淡的酒香，尝之有甜味。

6. 如果甜酒酿的原料及酒曲质量好，发酵过程中温度控制恰当，成品就不会有霉味，而且会又香又甜又有适当的酒味。

紫糯米甜酒酿的做法

成品分量：1200克

制作所需时间：夏季3~5天，冬季5~7天

材料：
◎紫糯米300克
◎圆糯米300克
◎甜酒曲6~10克（酒曲品种不同，添加量会有所不同）

工具：
◎发酵罐3个（600~800毫升）
◎封口布3片
◎橡皮筋3~6根

先生，你的酒

步骤:

1 将紫糯米与圆糯米用水洗净。如果要蒸，需浸泡2~3小时以上；如果要煮，米与水的比例为1：0.7。如果用电饭锅煮，可以不用浸泡，但饭粒通常会比较黏，最好浸泡20分钟后再按下电饭锅开关，外锅加1杯水。

2 将浸泡好的紫糯米和圆糯米用蒸笼、蒸斗或电饭锅蒸熟。蒸好后最好闷15~20分钟，再摊开放凉或用电扇吹凉。

3 饭的温度降至40℃时，加入适量冷开水（600克米约加150毫升水），调整饭粒的含水量，同时可以降温。

4 打散饭粒，让饭粒有点湿度，但罐底看不到水分。这样饭粒的接菌面积会更多。

5 等到饭粒温度降至30~35℃时，用手或其他工具布菌，拌至饭粒与酒曲均匀混合。可用双手轻轻将酒曲与饭粒搓揉打散，混合至米饭粒粒分明。若用块状酒曲，必须先将酒曲碾碎磨粉，以便饭粒均匀接触到菌粉。

6 先将罐口消毒，然后一手斜托玻璃罐底部，一手将拌好曲的饭粒装入罐中。可用白铁长汤匙将饭粒打散、打平，稍稍放凉后再放进罐中；趁米饭热时放进罐中亦可，可以顺便灭一灭罐中的细菌。

7 在酒醪的中间挖一个V形凹槽，让布菌后的酒醪容易通气，以利糖化菌生长，产生液化、糖化酶，也便于观察酒醪出汁情况。

8 将罐口及周围收拾干净，不要残留饭粒，减少米粒被污染的机会。

9 用酒精消毒封口棉布。

10 用棉布封盖罐口，外用橡皮筋轻套。酒醪温度不够时可用干净的布或毛巾包好发酵罐保温。发酵初期一定要有氧气，所以只在罐口上盖布，不密封罐口。若要密封，可用塑料袋替代封口布。将发酵罐摆在温度较高的地方，注意保温在30℃左右（发酵温度太高或太低都不适合根霉菌生长），静置发酵，夏季3~5天，冬季5~7天，紫米甜酒酿即制成。

【酿酒师说】

若全部用紫糯米作为原料，则风味及甜度表现不佳；只用一半紫糯米，另一半改为圆糯米，反而甜度香气及颜色皆足。

甜酒酿的花样吃法

甜酒酿具有食疗效果，可以调节内分泌，调整消化系统功能，改善胃肠吸收，改善体质。适当吃一些甜酒酿对身体健康有好处。

甜酒酿可以和许多食物搭配，烹饪出不同的美味。先将主原料（如汤圆）煮滚后再加入甜酒酿，拌匀后随即关火是最佳的做法。如果不想要酒精，可将甜酒酿放入锅中再煮5分钟，酒精挥发后即变成有酒香味而没有酒精的甜酒酿。下面就介绍几种甜酒酿的花样吃法：

1. 喝汁或直接与酒醪一起吃。

2. 用冷开水或冰水稀释了吃。

3. 加热了吃。

4. 加入水果丁（如菠萝丁）凉拌。

5. 煮好小汤圆，再拌入甜酒酿，做成酒酿汤圆。

6. 煮荷包蛋汤或蛋花汤时，拌入甜酒酿，做成春蛋汤或酒酿蛋花汤。

7. 用来蒸鱼，代替树子。

8. 用春卷方式做成酒酿生菜沙拉卷。

如何分辨甜酒酿的好坏

好的甜酒酿，应该是饭粒饱满不烂，色泽偏白到微黄，有淡淡的酒香、微酸、甜度适当，酒精度在5度左右。

甜酒酿的酒精度、甜度要协调。发酵过头时，甜度降低，酒精度升高；酿制太久时，出汁会较多，但是饭会变得微黄，而且酒精度会提高，同时会产生尾酸或微苦味；再酿制久一些则变成米酒或糯米醋。

酒酿（酒粕）面膜自制法

材料：
◎甜酒酿500克
◎红葡萄酿造酒50毫升（约2茶匙）
◎高岭土150克（约10茶匙）

步骤：

1 取600克圆糯米，煮熟、放凉，加入酒曲拌匀，发酵5~7天即可用滤网过滤，约可得甜酒酿500克。将甜酒酿的酒糟放入果汁机或料理机中打碎，打得越细越好。

2 加入红葡萄酿造酒50毫升，与甜酒酿一起打匀。

3 倒出打均的酒酿泥，放入另一容器中。

4 将化妆品专用的高岭土一勺一勺地加入容器中搅拌均匀。不一定要加入全部的高岭土，具体用量根据高岭土与酒酿泥搅拌均匀后的黏稠度而定。

5 面膜的黏稠度以糨糊状为佳，如果太稀，敷脸时面膜容易流到脖子或头发上；太干则容易敷不均匀。

使用方法：
　　卸妆洁面后，将面膜平均敷于脸部各处，敷15~20分钟后洗掉。清洗时边按摩边洗。

【酿酒师说】

1. 容器、搅拌用的汤匙和果汁机（料理机）皆不可有水分残存。因自制面膜没有添加防腐剂，若有水分残留，面膜会无法久放且香气会逐日改变。

2. 若甜酒酿的糟太干，不可以直接加水，只能加发酵的酒来增加水分，最好就加甜酒酿的酒汁或米酒发酵中的酒汁。酒精度不超过12度的发酵酒汁亦可，千万不要添加蒸馏酒。

3. 酒酿面膜的总酒精度控制在5度以内比较好。酒精度过高容易引起皮肤过敏、起红疹，通常要2小时以上红疹才会散去。第一次使用酒酿面膜最好先取少量抹于手背上，停留5分钟，观察是否有过敏现象，再确定是否用于面部。

4. 高岭土要用化妆品级或医药级的产品，不要用做陶瓷用的高岭土，以免因土质纯度不够或杂质太多而伤了皮肤。

5. 酒酿或酒粕可用熟料酿造的酒糟代替，但不要用生料酿造的酒糟或蒸馏过的酒糟。

6. 如果是油性皮肤，可改用糙米酒糟，效果会更好。皮肤容易发炎者，可将酒酿减量50克，改加入绿豆粉或中药白及粉、白芷粉50克，混合均匀。

7. 千万不要用红曲酒糟来做面膜，它的染色效果会让你变成关公脸。

小米酒

　　小米酒是台湾地区很传统又很重要的酿造酒。在早期的少数民族部落，若身份阶级不够，是不能接触或学习酿酒的。在南投一个酒厂的展览区就有早期少数民族用唾液酿酒的照片，此做法对现代的年轻人来说不可思议，但对上年纪的人来说，应该会觉得很平常。

　　记得很小的时候，祖母常将饭菜放于口中咀嚼之后再喂我，这是帮助小孩咬烂食物的方法。传说早期的小米酒，有些就是用此法制成的。以目前的科学解释，口嚼酒的酿造原理是通过咀嚼将唾液中的淀粉酶，与小米饭混合，小米饭中的淀粉在淀粉酶的作用下分解成糖液，再转变成酒。至于卫生问题，那是另外一种考虑，或许当时的部落成员觉得能吃到长老的口水是无上的光荣。

　　以前，少数民族酿小米酒很少有灭菌保存的观念。游客买了没有灭过菌的小米酒，在回家途中，小米酒仍在继续发酵，酒中原有的糖分陆续转化成酒，糖度就会一直降低，酒精度则越来越高，酸度也越来越明显，这使得酒的香气越来越不协调。游客常会因此对当地人产生误会，以为当地人给他们喝的是好酒，卖给他们的却是另一种偷工减料的酸酒。后来，我将小米酒灭菌、蒸馏及串蒸的技术带到部落推广，目的不是鼓励他们做私酒，而是想把酿造安全好酒的观念与方法带入部落。

小米酒的基本酿法

成品分量：900毫升

....

制作所需时间：夏季5~7天，冬季7~10天

....

材料：
◎糯小米600克（小米的质量会影响小米酒的甜度、香气与色泽）
◎甜酒曲6克（或使用熟料酒曲3~5克）

....

工具：
◎1.8升发酵罐1个
◎封口布1片
◎橡皮筋1根

步骤：

1 将糯小米洗干净，浸泡2~3小时以上。（如果要煮，可以不用浸泡，但饭粒会较黏，糯小米与水的比例为1：0.8~1：1，外锅水约为200毫升。）

2 将浸泡好的糯小米用蒸斗或电饭锅蒸熟。闷15~20分钟后，摊开放凉（可用电扇吹凉或用冷开水冲后摊开放凉），让小米饭能粒粒分明且含有足够的水分。

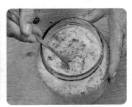

3 将甜酒曲碾碎磨成粉（或直接选择熟料酒曲）。等小米饭温度降到30~35℃时，将酒曲撒在米饭上，用手或用工具拌至饭与酒曲均匀混合，然后装入已消毒的发酵罐中。酒醪的中间可以挖一个V形的凹槽，使酒醪更容易通气，并方便观察出汁情况。

先生，你的酒

4 将罐口收拾干净，用已消毒的封口布盖住罐口，外用橡皮筋轻套，注意保温在30℃左右。若温度太低，可用干净的布或毛巾将玻璃罐包起来保温。

5 第2~3天可加入原料重量一半的冷开水，第5~7天酒醪中会不断产生糖、酒与水，此时即可榨汁饮用，也可以将榨出的酒汁放入冰箱冷藏以延缓发酵（此时的酒精度在5~7度之间）。

6 发酵太久酒醪出汁会比较多，但酒液会逐渐变清，且酒精度会提高，味道变得微苦，同时会产生尾酸；再酿得久一些，酒液会变得酒精度高而无糖味，可将其蒸馏成小米白酒。

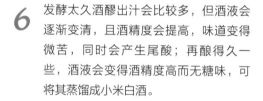

【酿酒师说】

◎关于布菌

1. 布菌后的小米饭放入发酵罐12小时后，即可观察到饭粒表面出水，这是饭粒中的淀粉被根霉菌糖化及液化所产生的现象，此时出的汁含糖量很高（糖度为24~35度）。

2. 如果小米饭煮得太干，可加冷开水调整湿度再拌曲发酵。冷开水的添加量以生小米重量的一半为宜，最多不可超过生小米的重量。

3. 小米酒发酵时，温度太高或太低都不适合根霉菌的生长，保温很重要。

◎关于灭菌

1. 发酵容器一定要洗干净，不能有油或盐的残留，否则酿酒会失败。

2. 发酵过程中，酒醪饭的表面会长出白色菌丝，这是酒曲中的根霉菌，不必担心，直接搅拌到酒醪中即可。若不管它，4天后表面会长出黑色的霉菌。

3. 发酵完成后（一般为5~7天），需榨汁出酒，冷饮热饮皆可。若需长期保存，应将酒汁装瓶后用70℃的水隔水加热1小时，可防止酒汁再发酵。

◎风味判断

1. 当发酵罐中的出水已淹至饭面或达到罐体容量的九成时，小米酒就可以饮用了。

2. 全部用糯小米来酿小米酒不见得好喝，我的配方是糯小米：圆糯米＝7：3。洗米时将两种小米混合起来洗，一起浸泡再一起蒸熟，分开蒸比较费事，而且容易拌不均匀。

3. 好的小米酒应该是酒汁乳白微黄，闻之有淡淡的小米香及酒香，尝之有酸甜味。

4. 如果小米和酒曲质量好，发酵过程中温度控制恰当，酒中就不会有霉味产生。

糯米酒

糯米酒是一种很传统的酿造酒，有几千年的历史。小时候第一次接触到的酒就是堂姐做的糯米酒，严格来说是阳桃酒。因为当时堂姐家的三合院旁有几棵酸阳桃树，由于果子太酸，人们常任由成熟的阳桃掉在地上给鸡啄食。堂姐会收集一些成熟的酸阳桃，洗净后与煮好的糯米饭混合，放在干净的簸箕上，上面盖上白色棉布，簸箕下面放一个大锅，放在传统的大炉灶边，一星期后就能看到不少乳白色的汁滴入锅中。这些汁液酸酸甜甜的，很好喝，但喝了很快就会满脸通红。那时我只知道那是糯米酿的酒，但不晓得为何会酿出酒，直到长大后才完全明白个中原因。

早期的糯米酒可以说是一切酒的基础。在阿嬷酿酒的时代没有所谓的单一纯菌种发酵的概念，不管是酿谷类酒、水果酒还是再制酒，绝大多数都是用酿造糯米酒做酒引子。例如，酿姜酒时，就先煮糯米饭酿成糯米酒，几天后再准备与生糯米相同量的老姜洗净，切片后丢入糯米酒发酵缸中一起发酵，发酵时间至少要达到1个月以上，之后榨汁饮用。当时的酒酒精度不高，相当温和有营养。

酿水果酒也是一样的方法，可能当时酿酒人认为糯米酒是加入了酒曲发酵成的，自然会帮助其他原料发酵。幸好糯米酒的风味很淡，不太抢味道，也就不太会影响其他酒的风味。

糯米酒的基本酿法

成品分量：14~16度的酒900毫升

制作所需时间：夏季7~10天，冬季10~15天

材料：
◎圆糯米600克
◎甜酒曲6克（或使用熟料酒曲 3~5克）

工具：
◎1.8升发酵罐1个
◎封口布1片
◎橡皮筋1根

步骤：

1 将糯米洗干净，浸泡2~3小时以上，然后用蒸斗或电饭锅蒸熟。如果要煮则不需浸泡，糯米与水的比例为1:0.7~1:1，煮出来的糯米饭通常会比较黏。

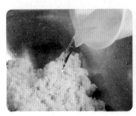

2 蒸好的糯米饭闷15~20分钟后，摊开放凉（可用电扇吹凉或用冷开水冲后摊开放凉），让糯米饭能粒粒分明且含有足够的水分。

3 将甜酒曲碾碎磨成粉（或直接选择熟料酒曲）。等糯米饭温度降到30~35℃时，将酒曲撒在米饭上，用手或用工具拌至饭与酒曲均匀混合。

4 将拌好的糯米饭装入已消毒的发酵罐内。酒醅的中间可以挖一个V形的凹槽，使酒醅更容易通气，并方便观察出汁情况。

5 用消毒过的纸巾将罐口擦拭干净。再用已消毒的封口布盖住罐口，外用橡皮筋轻套，摆在温度较高的地方，注意保温在30℃左右。若温度太低，可用干净的布或毛巾将玻璃罐包起来保温。

6 第2~3天可加入原料重量一半的冷开水，第5~7天酒醪中会不断产生糖、酒和水，此时即可榨汁饮用，也可以将榨出的酒汁放入冰箱冷藏以延缓发酵（此时的酒精度在5~7度之间）。

7 发酵太久酒醪出汁会比较多，但酒液会逐渐变清，且酒精度会提高，味道变得微苦，同时会产生尾酸；再酿得久一些，酒液会变得酒精度高而无糖味，可将其蒸馏成糯米蒸馏酒。

【酿酒师说】

◎关于布菌

1. 布菌后的糯米饭放入发酵罐12小时后，即可观察到饭粒表面出水，这是饭粒中的淀粉被根霉菌糖化及液化所产生的现象，此时出的汁含糖量很高（糖度为24~35度）。

2. 如果糯米饭煮得太干，可加冷开水调节湿度再拌曲发酵。冷开水的添加量以生糯米重量的一半为宜，最多不可超过生糯米的重量。

先生，你的酒

3. 糯米酒发酵时，温度太高或太低都不适合根霉菌的生长，保温很重要。

◎关于灭菌

1. 发酵容器一定要洗干净，不能有油或盐的残留，否则酿酒会失败。

2. 发酵过程中，米饭表面会长出白色菌丝，这是酒曲中的根霉菌，不必担心，直接搅拌到酒醪中即可。若不管它，4天后表面会长出黑色的霉菌。

3. 发酵完成后（一般为5~7天），需榨汁出酒，冷饮热饮皆可。若需长期保存，应将酒汁装瓶后用70℃的水隔水加热1小时，可防止酒汁再发酵。

◎风味判断

1. 如果糯米和酒曲质量好，发酵过程中温度控制恰当，酒中就不会有霉味产生。

2. 当发酵罐中的出水已淹至饭面或达到罐体容量的九成时，糯米酒就可以饮用了。

3. 一般人酿糯米酒时都会将酿造时间拉长，若发酵期拉长至1个月，其酒精度可达14~16度；发酵15~90天再榨汁，酒液会更清澈；发酵1年后，酒液会呈琥珀色，最后变成绍兴酒。它与小米酒不同的是，一定要去掉沉淀物，过滤出清澈的酒，酒的味道微酸而回甘。

4. 好的糯米酒应该是酒汁乳白，闻之有淡淡的糯米香及酒香，尝之有酸甜味。

米酒

　　米酒算是一种常见的酒，主要用在料理调味上。我国最有名的米酒是广西桂林的三花酒，它的酒味比较浓郁，可能与气候、原料以及酿酒工艺有关。

　　这里介绍的米酒用的原料是粳米，而不是糯米，所以米酒与糯米酒是有差别的。

熟料米酒的家庭酿法

成品分量：40度的酒（蒸馏米酒）600克

制作所需时间：10～15天

材料：
◎粳米600克
◎酒曲3克（材料依个人需要按比例调整）
◎水900毫升

工具：
◎1.8升发酵罐1个
◎封口布1片
◎橡皮筋1根

步骤：

1 将新鲜粳米用水洗干净，放入电饭锅中，加入米量1~1.2倍的水，蒸熟。米饭要饱满松软又不结块。

2 将煮好的米饭摊开放凉。可先加冷开水调整湿度，再将饭粒打散，使米饭粒粒分明。

3 等到米饭温度降至30℃时，将酒曲均匀撒在米饭上，用手拌匀。

4 将发酵罐用酒精灭菌。将布好酒曲的米饭放入发酵罐中铺平（不要压实），最后在米饭中间扒出一个V字形凹槽，方便每日观察米饭出汁状况及加水。

5 用消毒过的纸巾将罐口擦拭干净。再用已消毒过的透气棉布（棉布越密越好）盖住罐口，外用橡皮筋套紧，以防灰尘及昆虫进入。注意保温在25~30℃。

6 约72小时后，即需要加水。第一次只加水300毫升，不要搅动酒醪以免破坏菌象；8小时后再次加水300毫升。隔8小时后第三次水300毫升，此时可搅动酒醪，将其混匀。

7 将发酵罐静置发酵。夏季发酵期为7~9天，冬季发酵期为9~15天。冬季发酵时间需长一些，夏季发酵时间太长或温度太高，酒容易变酸（发酵完成时酒精度约为14度）。可将发酵完成的米酒蒸馏成蒸馏米酒（酒精度约为40度）。

【酿酒师说】

◎关于发酵

1. 布好菌的米饭放入发酵罐24小时后，即可观察到饭粒表面出水，这是淀粉被根霉菌糖化及液化的表现。发酵72小时后大部分糖化已完成，此时汁水的糖度很高，可达30~35度。

2. 虽然原则是第三天加水，但在夏天，因气温较高，有时候第二天就要加水，降低酒的糖度的同时可以降低发酵温度。加的水要经过灭菌。

3. 发酵温度控制很重要，温度太高或太低都不适合根霉菌的生长，温度太高容易产酸。

4. 发酵容器一定要洗干净，不能有油或盐的残留，否则酿酒会失败。

◎风味判断

1. 好的米酒应该有淡淡的酒香及一定的甜度（酒醪可蒸馏时的糖度一般是3~5度）。

2. 酒曲如果选择得恰当且适量，酒醪不会有霉味产生，而且发酵快、出酒率高。

◎关于蒸馏

1. 发酵完成后，有条件的酿酒者可用蒸馏设备蒸馏。蒸馏时要接上冷却用的进水管与排水管，使出酒温度尽可能降低至30℃以下。

2. 3.5千克米与水发酵成的酒醪大约需1个多小时的蒸馏时间，具体的蒸馏时间依设备而定。

3. 蒸馏用火的原则是用大火煮滚酒醪，用中、小火蒸馏（酒精的沸点是78.4℃）。

4. 酒醪是否可蒸馏可以目测来判断，当发酵罐中的酒醪已发酵足够的天数，且液体与固体分离，液体澄清，不管上面是否仍有酒糟漂浮皆可蒸馏。

生料米酒

　　所谓生料米酒就是将生米用特殊的生料酒曲直接发酵成的酒。生料米酒多用于调制再制酒，直接喝的米酒仍以熟料生产的米酒为主。早期很多原料商声称如果买他们的米回家酿酒，只要将米放入配送的发酵桶中，加入3倍的水，盖好桶盖并摇匀，1个月就可以酿成米酒。其实，他们就是在米中加入了生料酒曲，酒曲遇到水后起了反应，最终将生米发酵成酒。

　　生料酒曲不同于一般的酒曲，它能分解生淀粉。生淀粉所需的分解力是熟淀粉的一万多倍，而且生淀粉不溶于水，故其糖化分解属异质反应，而能作用于生淀粉的糖化分解酶必须与生淀粉间有强劲的吸附作用。专家研究发现，根霉菌分解生淀粉的效果最好。在各种生淀粉中，米淀粉最易被分解，其6小时的分解率能达到50%以上。

　　生料酒曲是一种多功能微生物复合酶酒曲，内含糖化剂、发酵剂和生香剂，能直接对生的原料进行较为彻底的糖化发酵，且出酒率较高，具有一定的生香能力。

　　市售的生料酒曲通常有两种生产方法：一种是培养法，一种是配制法。培养法是将曲霉、酒精酵母、生香酵母各自培养，然后按一定的比例混合，再分装成成品。配制法则是以商品化的高效酶制剂与复合酵母按比例混合而成。通常生料酒曲的用量要比熟料酒曲多一些。

生料米酒的家庭酿法

成品分量：40度的酒（蒸馏米酒）600克

制作所需时间：15~30 天

材料：
◎粳米600克（用高粱、碎米皆可，原料颗粒太粗时，要
先粉碎再使用）
◎生料酒曲5克（使用量为生米重量的7‰）
◎水1.8升（发酵用水总量大体为原料米量的3倍，可根
据发酵温度调整）

工具：
◎2.4升发酵罐1个
◎封口布1片
◎塑料袋1个
◎橡皮筋1根

步骤:

1 将发酵罐洗净并消毒。称取600克粳米（也可用碎米），用清水冲洗一下，但不可长时间冲淋，以免淀粉流失。

2 将冲洗过的生米倒入发酵罐中（最多装八分满），直接加入5克生料酒曲。

3 向发酵罐中加入1.8升清水（如果生米浸泡过久或吸水过多，可酌情减少加水量）。加完酒曲与水后应充分搅拌均匀，使发酵液无夹心或团块出现，静置活化1~2小时。

4 将米与活化后的发酵液充分搅匀，然后用封口布盖住罐口，外用橡皮筋套紧，先采用好氧发酵。

先生，你的酒

5 用干净、无毒、无味的塑料袋封好罐口，以防杂物侵入，采用密封发酵。

6 发酵温度保持在28~35℃的范围（配料时可加温水或冷却水来调控温度，但所加水的总量不变）。发酵15天左右即得到生料米酒半成品。

7 将发酵好的生料米酒放入家庭天锅中进行蒸馏。

8 蒸馏时测出酒的酒精度。

9 收集从蛇管流出的清澈酒液。

【酿酒师说】

◎关于发酵

1. 酿生料米酒一定要采取密封发酵。

2. 酿酒用的生米一定要清洗，酿出的酒才不会有杂味或异味。

3. 投料后每天彻底搅拌1次，连续7天，搅拌的同时观察发酵中的米粒是否已经一捏就碎。酒醪中的气泡会逐渐由强减弱，直至无气泡产生，而后酒醪固液分离，液体由浑浊变清，呈淡黄色。

4. 若酒醪液面无浮动的米粒、酒糟轻捏即呈粉碎状且有疏松感，酒香突出，醪液也清澈，且发酵时间超过10天以上，即为发酵结束，可出料蒸馏酒醪。

5. 有些酿酒者会加砂糖来增加出酒量或风味。如果要加糖，请务必将糖度总和设定在20~25度。可将砂糖按比例加水并充分搅匀成糖水，根据生料发酵情况（最好在第4或第5天）加入，要将糖水与酒醪搅匀，再密闭罐口发酵。

◎关于蒸馏

1. 生料酒曲一般偏酸，有些甚至会有腥味。有些酒曲供货商为了增加酒中酯的香气会加入一些红曲粉，造成发酵液变成桃红色，这不是什么特别配方，一旦经过蒸馏，出来的酒都是清澈透明的。因为有红曲协助发酵，蒸馏出来的酒中乙酸乙酯的含量会较高，这样的酒会有淡淡的五粮液风味。

2. 用生料发酵蒸馏出来的酒最好再用酒用活性炭过滤，以获得最佳酒质。

福州红曲酒

红曲一般可分为四大类：轻曲、库曲、色曲、乌衣红曲。这四类红曲在菌种、色泽及用途上差异相当大。轻曲一般用于腌制酿造食材，库曲、乌衣红曲用于酿酒，色曲则用于染色。现在红曲保健品很流行，主要是因为红曲中含有降脂成分Monacolin K（莫那可林K）。在欧盟国家，尤其是德国，由红曲制成的天然色素被广泛应用于火腿中，可以产生自然的色泽与特殊的风味。

我个人比较喜欢乌衣红曲，它色泽暗紫，用它酿出来的酒暗红而浓郁。读者碰到红曲米时，不妨将米粒掰断，观察断裂的红曲米米心，若中间出现一个黑点，旁边被白色包围，最外围被红色包围，那它就是乌衣红曲。这是一种非常特别和不可思议的菌种。我很喜欢喝用它酿出来的红曲酒。

红曲米可以直接当原料，也可以当菌种用。它在做菌种时，可以边糖化、边发酵。红曲米内含有大量酿酒酵母菌，可使糯米饭中的淀粉转化成酒，而且转化的酒精浓度很高（发酵终了时为14~17度）。另外，红曲米的耐酒精度也比其他酒曲要高。如果加入米酒协同发酵，会大幅减少发酵中的杂菌污染，例如客家红曲酒的发酵就比福州红曲酒的发酵少许多污染现象，酿出的酒酒香较浓郁，连糟也特别香甜。一些酒厂在酿红曲酒时，多会额外加入药白曲，也就是加了些中药材的酒曲，主要是为了增加香气。

在南方地区，酿福州红曲酒有一个特别现象，如果在中秋节之后、清明节之前酿酒，酿出来的酒会偏甜；在端午节之后、中秋节之前所酿出来的酒普遍是偏酸的。其原因在于温度过高时，醋酸菌容易附着而产酸。所以福州红曲酒的最佳酿造季节是中秋节之后，清明节之前。把握此季节就可以酿出好酒来。如果有温控设备，一年四季都可以酿出好酒。

福州红曲酒的家庭酿法

成品分量：15度的酒1500毫升

制作所需时间：3个月

材料：
◎圆糯米1千克
◎酒用红曲100克（若想发酵快或酒精度高一些可多加5克酒曲）
◎冷开水1.5升

工具：
◎2.4升发酵罐1个
◎封口布1片
◎塑料袋1个
◎橡皮筋1根

步骤：

1 在清洁好的发酵罐中，加入1.5升冷开水，然后将酒用红曲米倒入，浸泡2~12小时（根据温度自行调整浸泡时间）活化。

2 将浸泡好的生糯米沥干，加入生米重量0.7~1倍的水，蒸熟，摊开放凉至35℃左右。将放凉的米饭放入活化好的酒用红曲米中。

3 将红曲米与糯米饭搅拌均匀，饭会吸水变干。

4 用消毒过的封口布封住罐口。第三天改用干净的塑料袋密封罐口。

5 将发酵罐放在家中阴凉处发酵。第一周每天用干净的木棍或不锈钢汤匙上下翻搅红曲酒醪一次。第二周开始，每隔7天翻搅一次（注意搅拌工具要消毒灭菌）。

6 发酵浸泡45~60天后，可将酒醪装入过滤袋压榨出汁，提取红曲酒，剩下的酒糟即为红糟。

【酿酒师说】

◎储存方法

榨出来的酒再放1~3年后饮用效果最佳。避免红曲酒继续发酵或变酸的处理方式有两种。

方法一（古法）：

1. 将压榨出的红曲酒倒入清洁的酒瓮，将瓮口密封。

2. 取稻草和谷壳围在酒瓮周围，高度约为酒瓮高度的四分之三，点火温酒至手摸瓮面发烫即可灭火储存。

方法二：

将酒装入不锈钢锅或玻璃瓶中，用70℃的水隔水加热约60分钟。

◎酿造技巧

1. 不管用哪种红曲，一定要用活菌的红曲。有些红曲是生产色素用的，多是死菌，只能染色用，无法让糯米产生酒精，千万要注意。

2. 浸泡酒用红曲的水温最好在30℃左右，可让红曲霉菌活化复苏。

3. 糯米饭要熟透又有弹性，不要煮得太烂，出酒率才会比较高，酒的风味也会比较完整。

4. 原料用长糯米或圆糯米皆可，其他谷类也可行，只是用圆糯米酿的酒口感较甜。

◎风味判断

1. 使用的红曲不同，酿出的酒的色泽也有所不同。用库曲与轻曲酿出的酒颜色较鲜红，用乌衣红曲或窖曲酿出的酒颜色偏暗红或带墨绿色。市售的红露酒（以红曲为原料的酿造酒）较接近用库曲酿的酒。

2. 自制的红曲酒与市售的红露酒是不同的。自制红曲酒酒精度都不高（约为15度），味道较醇厚绵甜，没有辛辣味，有点尾酸。而红露酒，由于厂家会加食用酒精勾兑（出于成本考虑），酒精度往往比较高（约为20度），但过滤得比较干净，酒的澄清度较高。

福州红曲酒酿造要点

原料：圆糯米、酒用红曲、水。

甜酒曲用量：原料米重量的1/10。

水用量：煮饭用水量为原料米重量的0.8~1倍；发酵过程用水量为原料米重量的1.5倍。

最佳发酵温度：30℃（25~35℃皆可）。

发酵完成期：15~60天。

出酒率：用600克米（不外加砂糖）可得900克15度的酒。

风味：无馊水味，风味纯正，无杂味，有特殊的红曲香味。

客家红曲酒

　　过去，客家人对红糟的印象很深刻。每年春节前一个月左右，母亲及舅妈们就会准备酿一年一度的客家红糟，客家语叫"骠妈"，意思是做曲母（客家人常把东西分公母，如刀母、碗公）。母亲喜欢用开口较大的客家钵来酿红糟。她总是到中药店买来红曲米，再用20度的米酒和圆糯米来做红糟，每天很细心地照顾它们，大约两个星期就能酿成。除夕的前几天，母亲会将拜完祖先或天公的供品浸入酿好的红糟中，腌制3~5天，在除夕夜就可以吃了，年初二以后还会把它们拿出来请亲戚朋友共享，一直吃到天穿日（中国传统节日，源于女娲补天的传说，时间多在正月二十）为止。最后，剩余的红糟就拿去喂猪。

　　用压榨的方式将酿好的客家红糟中的液体与糟分离，沉淀几天，其澄清液就是甜口的红曲酒。

客家红曲酒的家庭酿法

成品分量：约1500克

制作所需时间：10~15 天

材料：
◎圆糯米600克　◎酒用红曲米60克
◎20度米酒1瓶（600毫升）
◎细盐12~18克（用量为生米总量的2%~3%，但现在家家户户有冰箱，所以不一定要加盐）

工具：
1.8升发酵罐1个，封口布1 片，塑料袋1个，橡皮筋1根

要点：
◎红曲米用量为生糯米总量的10%，即600克生糯米配60克酒用红曲。
◎米酒添加比例为600克圆糯米加20度米酒600毫升，米酒要分三次加入，一次200毫升。

步骤：

1 将圆糯米浸泡（根据温度自行调整浸泡时间）、沥干，加入生糯米重量0.7~1倍的水，蒸熟。

2 将蒸熟的糯米饭摊开放凉至35℃左右，加入20度的米酒200毫升，拌匀的同时将饭粒打散。

3 在糯米饭中加入酒用红曲米60克，搅拌均匀。

4 将拌匀的糯米饭装入发酵罐中，用喷过75%的酒精的纸巾擦拭瓶口，盖好盖子或用灭过菌的棉布封口以防止昆虫侵入，放在家中阴凉处发酵。

5 第二天，加入20度的米酒200毫升，并用干净的筷子上下翻搅酒醪一次。第三天，再加入20度的米酒200毫升，翻搅一次，之后用塑料袋密封罐口。注意搅拌工具要消毒灭菌。之后，每天搅拌一次，连续搅拌7天，再静置发酵10~15天后即完成。

6 如果要用红糟米腌肉，再加入12克细盐搅拌均匀即大功告成。熟肉腌2~3天即可食用。若是酿红曲酒，就可以用压榨的方式将液体与糟分离，液体再经过几天的沉淀就会澄清，澄清液就是红曲酒。

【酿酒师说】

◎关于发酵

1. 不管用哪种红曲，一定要用活菌的红曲。有些红曲是生产色素用的，多是死菌，只能染色用，无法让糯米产生酒精，千万要注意。

2. 发酵时先加入米酒的作用是减少发酵初期的杂菌污染，增加发酵成功率及改善红糟的风味。一般情况下，红曲霉菌生长的最适酒精度为6度左右，故添加米酒时，一定要分三次加，以免酒糟的酒精浓度太高而影响发酵，甚至遏阻发酵。有的人一次就加入整瓶20度米酒，也会成功，但风险较大，分三次加酒是不会失败的。

◎关于原料

1. 糯米饭要熟透又有弹性，不要太烂，出酒率才会比较高，酒的风味也会比较完整。

2. 用长糯米或圆糯米酿造皆可，但圆糯米酿出的酒较甜，所以一般人都会使用圆糯米。

◎风味判断

1. 客家红糟尝起来有浓浓的甜味及酒香味，且颜色呈自然的鲜红色。

2. 自制的客家红糟一般酒精度不高，味道较醇厚绵甜，没有辛辣味。

3. 压榨后的客家红糟常用于熟肉的浸泡或腌渍，福州红糟则用于生肉的浸泡或腌渍，这是两者最大的不同点。两者榨出来的酒汁皆可继续陈放成红曲酒，但风味会大不相同。

改良式重酿酒的酿制方法

重酿酒是我十分喜欢的酿造酒，它甜而顺口，酒体丰厚，又不像绍兴酒般酸甜。所谓重酿酒，就是经过二次或多次发酵的酒，重酿可以把酿造酒原有的风味增强修饰成为较完美的酒。几年前，我在酿造味啉（一种日式料理酒）时，改良了日本的酿制法，几个月后出现了类似重酿的甜酒味，下面把方法分享给大家。

材料：
◎圆糯米3千克
◎红曲米300克（用量为生米总量的10%）
◎酒曲15克（若用甜酒曲，则需添加30克）
◎46度米酒3120毫升（用量为生米总量的95%）

步骤：

1 将圆糯米浸泡后蒸熟，然后将米饭摊开放凉，按甜酒酿的做法将红曲米、酒曲与米饭混合。布菌完成后，在30~34℃的环境中培养36小时待用。

2 发酵3~5天后，酒醅周边会出汁，淹至罐身八分满。

3 将酒醅倒入装有46度蒸馏米酒的发酵罐中，充分搅拌后加盖、密封，并置于25℃的室内发酵熟成。

4 每隔5~10天搅拌一次，发酵约60天酒即熟成。

5 将过滤所得的重酿酒用70℃的水浴加热杀菌即完成。

【酿酒师说】

1. 有些人在酿制重酿酒时，不加红曲米，相当于直接用糯米酒来重酿，发酵过程一律不加水，改用加酒来进行缓慢发酵，这样酿出的酒液呈甜口。虽然额外加入的酒精会被糯米酒稀释，但重酿酒整体的酒精度仍偏高，发酵1~1.5年的陈酿，酒色会逐渐转深呈金红色，酒味愈加甜美醇和。

2. 酿造重酿酒不一定要用46度的米酒，其实用40度的更方便，最终的口感也是一样的。这类酒皆属于甜酒，没喝过重酿酒，千万不要说它不好喝。

清酒

　　日本清酒是以精白度较高的粳米为原料，以米曲霉菌培养的米曲和清酒培育的酒母为糖化发酵剂，采用一次性投入酒母，分次投入水、米饭、米曲及低温发酵等特殊工艺酿制而成的。日本清酒与中国的黄酒属于同类型的酿造酒。清酒的酒精含量一般为15%~17%，含有较多的糖分及含氮浸出物，是一种营养丰富的低酒精度饮料。其酒液色泽清浅，香气独特，口味有甜、辣及浓郁、淡雅之区分。

　　日本清酒的原料用米只有粳米一种，而且对米的纯度要求很高。其酒母用米的精米率要达到70%，发酵用米则要达到75%，因此要充分去除原料米中的米糠等杂质，使蛋白质、脂肪、灰分等不利于酿酒的杂味成分尽量减少。酿造清酒使用的菌种为米曲霉菌，用曲量高达20%左右。另外，酿造清酒的酒母用米量为原料米量的7%左右。

改良式清酒的酿法

材料：
◎精选粳米1千克
◎复合酒曲或米曲霉菌粉5克（酒曲用量为原料米量的5‰）
◎水1千克

要点：
◎原料米的精白度要足够高，重点是去除蛋白质及脂质。
◎采用15℃低温发酵，发酵期比米酒的要长些，与红曲酒、糯米酒的相同。
◎成品要用酒用活性炭过滤，以去除杂味，使酒液清亮透明。

步骤：

1 精选原料：选择优质粳米，精白度要求达到50%~70%。

2 洗涤及浸泡：洗去米中的杂质，并浸泡4小时以上。

3 蒸煮：蒸煮时间根据设备适当调整。如果用一般的木蒸桶，蒸至米表面变色后，需蒸20分钟，再闷20分钟。

4 冷却、布菌拌曲：在米饭温度降至30~35℃时布菌。可直接用复合酒曲或米曲霉菌粉，添加量约为生米量的5‰，务必使每粒饭粒都能沾到米曲霉菌。

5 做堆、摊堆、翻堆：拌曲完成后，将米饭堆成圆锥状，盖上干净的布，1天后再打开，将米饭揉散搅拌，再盖上布。12小时后，若发酵温度过高，则需要再打开布堆翻堆冷却。

6 下缸发酵：第三天将已长满白色菌丝或已糖化的米饭倒入发酵桶中，并加入酿造用水搅拌均匀。

7 搅拌：下缸发酵前三天，早晚各搅拌一次，三天后采用密封发酵。密封发酵最好装上发酵栓（用于水封）。若无发酵栓，需注意发酵桶内二氧化碳的含量。

8 前发酵期：自下缸日起算至15~20天后（时间视原料及环境而定），前三天采用有氧发酵，后面的时间采用厌氧发酵。

9 过滤转桶：发酵约20天后，用虹吸管或过滤袋将澄清液与沉淀物分开，进行转桶后发酵。

10 后发酵：后发酵进行到不再有二氧化碳冒出，发酵静止，即算完成。

11 酒用活性炭过滤：将发酵完成的酒液澄清过滤，最后一道过滤采用活性炭过滤以去除酒中的杂质、杂味。

12 装瓶灭菌：用60~70℃的水将瓶中的酒隔水灭菌1小时。灭菌时不可盖上瓶盖。

13 熟成：清酒一般要储存10个月以上使其熟成，时间越长则酒香味越浓。注意，要在低温下熟成。

啤酒

啤酒是一种很古老的酒，也是一种世界性的酒，可以说是世界上产量最大、消费数量最多的一种酒。在古代，人们利用发芽的大麦、小麦或荞麦来酿造啤酒，并且酿出了许多不同类型的啤酒。世界各地基本上都是以大麦芽为原料来酿造啤酒，所以有人又称它为麦酒。

从专业角度来说，啤酒是以麦芽为主要原料，以啤酒花为香料，经过糖化发酵酿制而成的起泡的低酒精含量饮料。

早期的啤酒是使用许多不同种类的香料和草药来酿造的，没有使用啤酒花，后来才统一使用啤酒花来做酿造啤酒的香料。

曾有许多读者询问啤酒的做法。酿啤酒其实并不难，网络上有不少相关信息，如果想系统学习，还可到知名的湖北啤酒学校专门学习啤酒酿造技术。

下面介绍的是澳洲知名的DIY啤酒做法，只要投资一套几千元的整箱接口设备，就可以酿造出大约20升的啤酒，以后只要买不同口味的专用浓缩麦芽精及啤酒酵母，就可不断地自酿啤酒。等自酿技术成熟后，还可以再进一步去追寻控制糖化程度与管理发酵过程中的酿酒乐趣。

家酿啤酒的酿法

材料：
◎精选啤酒专用浓缩麦芽精2千克
◎啤酒酵母1克（用量为原料汁量的万分之五）
◎水20升

工具：
◎发酵桶1个

要领：
◎根据自己的口味选择国际知名度高的啤酒浓缩麦芽精。
◎所有发酵用工具、器皿要洁净。
◎采用15～20℃的低温发酵。

步骤：

1 精选浓缩麦芽精：选择购买自己喜欢的口味的麦芽精。

2 调制啤酒发酵醪：将浓缩麦芽精用热水浸泡融化，倒入发酵桶中，再加入20升温开水及1千克砂糖，搅拌均匀，达到适当的麦芽汁浓度。

3 啤酒酵母菌活化：取一个清洁的玻璃杯，倒入干燥的啤酒酵母颗粒，再倒入100毫升已调好的麦芽汁，摇匀，静置20～30分钟使酵母菌活化增殖。

4 倒入酵母发酵：将活化好的啤酒酵母倒入已调好的20升麦芽汁中，搅匀，盖上盖子，装上发酵栓但不加水（此时桶内空气仍可与外界流通），静置一天，以利桶内酵母菌在麦芽汁中进行繁殖。

5 搅拌混合：第二天直接摇晃发酵桶，以使桶内酵母菌均匀分布于麦芽汁中。将适量的水加入发酵栓中，以阻隔空气进入发酵桶内。

6 前发酵：发酵栓加水后即进入前发酵期，一般发酵5～7天（视原料及温度而定），此时桶内的麦芽汁及酵母菌进行无氧发酵，产生酒精及二氧化碳。当发酵桶内的压力大于外面的大气压时，二氧化碳就会经由发酵栓排出桶外。

7 装瓶、后发酵：将8克砂糖装入已清洁好的600毫升塑料瓶中（可用可口可乐瓶），再将已发酵完成的麦芽酒汁倒入瓶中，摇晃均匀，使砂糖溶解。此时进入后发酵期，需发酵15天。如果想要啤酒的风味更好，可放置3个月再喝。

8 熟成：家酿的啤酒一般可储存12个月以上使其熟成，时间越长则酒香味越浓。

9 储存：将熟成的啤酒装瓶。好的啤酒在储存时不需冷藏；若想马上饮用，可采用冷藏发酵。

家酿啤酒的升级酿法

　　自酿啤酒将是全球的趋势。消费者已经开始厌倦啤酒大厂的全球营销，喝来喝去都是差不多的几种味道，毫无新鲜感。自1970年代英国发起微型酿酒运动后，许多外国人开始在自家客厅、厨房或车库用简易的工具设备酿制自己的特色啤酒，这种个性化啤酒，很适合喜欢在家中庭院聚会联谊、享受美食的欧美人，因此自酿啤酒很快地在欧美各地发酵，更带动全球风潮。

　　下面介绍的自酿啤酒与上一种不一样的地方在于麦芽要自己糖化，并且要加入啤酒花，而上一种直接买大厂做好的麦芽精使用即可。此法难度较大，变化也大，非常有挑战性。在此仅介绍基础做法，各位读者在买原料时可多向厂家请教用量、用法及别人的制作经验。不要迷信国外的原料，自己喜欢才是最重要的。

基本原料：
麦芽、啤酒花、酵母、水

工具及设备：
◎糖化用锅、过滤袋、发酵桶及水发酵栓、麦汁冷却蛇管
◎温度计、三用比重计、量筒、电子秤
◎消毒用酒精、锁瓶器、茶色玻璃瓶

步骤：

1 准备工作

在开始酿造啤酒前，先确认各种会用到的原料和器材是否都已备妥，并对工具、设备进行清洁消毒。

2 调制麦汁，糖化

酿酒的主要原料为大麦芽，它是大麦发芽后形成的。自酿啤酒者一般不会自己发制麦芽，都是直接购买干燥的啤酒专用麦芽。市售的啤酒麦芽有些是碾好的碎麦芽，有些要自己碾碎，碾碎的粗细程度会因麦芽品种而不同，但基本原则是碾破就好，不要碾成粉末。麦芽如果碾得太细，在糖化完成后会很难过滤。

碾碎的麦芽泡在特定温度的水中时，麦芽里的酶会活化，进而将淀粉转化为糖类，这一步称为糖化。主流的做法是采用一步出糖的方式糖化，将麦芽在62~68℃的水中浸泡60~90分钟。我的做法是，准备麦芽重量4倍的水，先将水煮至40℃，熄火，加入碎麦芽，搅拌均匀，浸泡30分钟，让麦芽充分吸水润透，再加热至65℃，保温60分钟，中间要进行搅拌达到充分糖化的效果。糖化完成后，再将麦汁加热至78℃，持续15分钟，让酶停止工作。注意温度不要超过80℃，温度过高会造成丹宁溶出，麦汁会有苦涩味。建议隔水加热，可避免容器底部的麦汁因过热而烧焦或走味。

3 第一次过滤

糖化完成后开始过滤，可用简易的豆浆袋过滤；也可将麦汁加热至75℃，浸泡10分钟后，再利用过滤后的麦汁冲洗麦渣，以溶出更多残余糖分，提高出糖率。

4 麦汁煮沸、加啤酒花，第二次过滤

这一步要在过滤后的麦汁中加入啤酒花，啤酒花是啤酒中香味与苦味的来源。加啤酒花之前要先将麦汁煮沸，以杀死麦汁中大部分的细菌。煮沸过程中不要盖锅盖，这样可让一些影响味道的化合物挥发，若麦汁因蒸发而减少，可以酌量加水补充。

麦汁煮开后，第一次要加入2/3量的啤酒花来增加苦味，持续煮60分钟后关火，在关火前5~10分钟加入剩下的1/3量的啤酒花来增加香味。之后，进行第二次过滤，把残渣滤掉。啤酒花的添加量请按各品种的建议量添加，一般添加量约为28克/20升。

5 麦汁冷却、装入发酵桶

在关火前10分钟，可将冷却用的蛇管放入加热锅中一起煮沸灭菌。熄火后，麦汁必须冷却至适合酵母生长的温度。此时先测量前发酵比重，并记录下来。可以将麦汁用水浴冷却或将煮滚的麦汁移至发酵桶内再冷却，正好可以利用余热给发酵桶灭菌。如果用的是塑料发酵桶，则要等麦汁冷却后再倒入。在接种酵母菌后，酵母会持续增殖，直到氧气或养分用完为止。所以发酵桶内最好留有20%的空间，以提供充足的氧气供酵母达到适当的数量，同时防止溢罐。

6 接种啤酒酵母

将已活化的啤酒酵母倒入冷却后的麦汁里。在接种酵母前，请确认麦汁的温度是否够低，适合植入啤酒酵母的温度应该低于25℃。接种酵母之后最好将发酵桶移到15~20℃的环境中发酵。

7 在发酵桶中进行主发酵

将发酵桶装上发酵栓，桶内温度保持在15~20℃，发酵两个星期以上。

一般来说，啤酒发酵的前72小时为酵母高泡期，液面会有很厚的一层泡沫，而且麦汁会在发酵桶里面翻滚，发酵栓中会快速冒出气泡，这期间温度可以低一点，控制在15~18℃。

大约两个星期之后，发酵桶底会有一层厚厚的酵母沉底，在水封停止冒出气泡之后就可以取样用三用比重计测量比重，若连续两天所测得的比重都没有变化，即可准备装瓶。

一般情况下，若用上层发酵的Ale啤酒酵母，发酵温度应控制在20℃左右，发酵期为7天左右；若是用下层发酵的Lager啤酒酵母，发酵温度应控制在15℃左右，因为发酵温度低，发酵期需14天左右。

8 主发酵完成后的处理

发酵完成时，可先将沉底的酵母菌渣从底部排出，以减轻混浊。若设备不允许，也可采用过滤袋细过滤一次，再让它静置澄清。

9 装瓶

准备好褐色玻璃瓶，按每100毫升酒液加0.6~0.8克的比例加入葡萄糖或细砂糖（作为后发酵时的二次发酵，能产生二氧化碳气体），然后再注入啤酒液，用锁瓶器封瓶。注意不要装得太满，液面要离瓶口约5厘米。

在装瓶时，注意不要吸到发酵桶内的沉底酵母，最安全的做法是先用虹吸的方式换桶，将酿好的啤酒液转桶移至另一个酒桶中，去除啤酒酵母菌渣后再装瓶。

甜蜜

水果类、糖类原料酿造酒

酿造水果酒本来很简单，利用水果表皮的天然酵母菌及水果本身的甜度就可以酿造出来。可惜环境的人为破坏，农药喷洒过多，使水果表皮很多好的酿酒酵母菌也被破坏，若要完全用水果上的天然酵母菌来发酵，成功的机会不大。水果的种类繁多，基本上只要可以食用的都可以用来酿制水果酒，只不过选择原料时还要考虑用其酿制出来的酒的风味、口感是否可以被大众接受。因此，只要学会正确的基本水果酒的酿制方法，随时可选择应季的水果，以单一品种或多种水果为原料酿制出千百种水果酒。

什么是水果酿造酒

所谓水果酿造酒，是指以果实为原料，经过一定的加工处理后，取得其果汁、果肉或果皮，再经过微生物发酵过程或用食用酒精浸泡所酿造成的一种酒饮料。其酒精含量应在0.5%（20℃时）以上。一般情况下，采用纯酿造方法制造的水果酒在发酵完成时的酒精度在8~15度之间，可以过滤后直接饮用。酿造水果酒再经过蒸馏，可以制成20~65度的水果蒸馏酒或水果再制酒。

酿酒用水果的种类

水果的产区主要分布于温带或温热带。热带地区的水果因果肉的糖度、酸度较高，且有浓郁的果香而深受人们喜爱。全世界水果种类繁多，水果的生长特性及生长环境差异极大，产期一般以夏、秋之际最多。有些水果适宜鲜食，有些则适宜制成水果加工制品。水果种类对酒的质量有相当的影响，所以品种的挑选非常重要。酿酒用的水果大致可归为以下三类：

◎浆果类

果肉柔软，水分含量高，如葡萄、草莓、奇异果。

◎核果类

果肉稍硬，内有坚硬的果核，如苹果、水蜜桃、梅子、荔枝、李子、樱桃等。

◎其他类

上述两类水果之外可用于酿酒的水果，如柠檬、柑橘、菠萝、香蕉、甘蔗、阳桃、百香果等。

水果酒的基本成分

一般情况下，水果酒中会含有以下成分：

◎醇类：酒精、高级醇类和多元醇。

◎糖类：发酵残糖、添加糖、果糖、多元糖。

◎有机酸：柠檬酸、苹果酸、酒石酸、琥珀酸、醋酸、乳酸。

◎总酚类：单宁、酚酸、酚醛、类黄酮、花青素。

◎含氮有机物：蛋白质、多肽、氨基酸。

◎无机盐类：钾、镁、钙、钠。

◎维生素：维生素B_1、维生素B_2、维生素B_6、维生素B_{12}、维生素P、泛酸。

◎挥发性成分：醛类、酯类、萜烯类等。

酿制水果酒的基本处理原则

◎先将原料筛选去杂、去梗、去蒂，洗净后擦干或让水分滴干、晾干，直接用低度酒精或米酒洗净亦可。

◎果粒较小者，如梅子、葡萄、金橘等，不必切片或切块，直接使用即可。果粒较大者，如苹果、柠檬、柳橙等，需切薄片或切块，以增加接触面积。

◎去籽（核）或不去籽皆可。用没去籽的水果酿出的酒，有时候时间一长会产生杏仁味或微苦味，要不要去籽视个人口味而定。

◎将水果放入发酵容器内，再加入糖或糖水，调好糖度后，再放入活化的酵母菌。

◎酿造用的器材或原料要防止有生水残留，以减少酒液变质变味或污染的可能。

◎若要保持酿造水果表面的颜色，发酵过程中可以每日搅拌翻动。

◎若直接在发酵容器中放入砂糖补糖，偶尔搅拌或摇动可使糖加速溶解。

◎酿造期间，要将发酵容器放置于阴凉处，日晒会影响发酵。酿造的第一周最好每天搅拌一次，以加速互溶。

◎水果酵母菌最好都先活化处理，若使用液体酵母菌，请先确认是否是活菌。

◎酿酒时，如果先将水果捏碎或榨汁，发酵完成的速度会比较快，但酿出的酒的香气不一定最好。

◎家庭式酿酒使用水果、糖、酵母菌就好，不一定要加二氧化硫等添加物去改善发酵质量。

用浓缩果汁酿酒的流程

选购浓缩的水果汁（要特别注意看它的糖度，一般都在66~68度）→摇匀倒入发酵缸→调整发酵糖度（加水稀释浓缩果汁，将发酵糖度调整到23~25度之间）→加入活化后的水果酵母菌→好氧发酵→密封发酵→发酵终止→过滤澄清→装瓶灭菌。

二氧化硫的使用说明

在酿水果酒时，国外通常会添加二氧化硫类的添加物，以抑制杂菌生长，创造出良好的发酵环境；即使是家庭酿酒，也会加入锭剂的二氧化硫或偏重亚硫酸钾。在中国，通常是酒厂因为担心损失才会添加二氧化硫，这些添加物只要不超量、符合法规，都是允许的。如果是家庭酿酒，则不建议添加二氧化硫，一样可以酿出酒，而且风味更纯正。

水果酵母菌的活化

酿造水果酒时，添加水果酵母菌的方法有两种：大型酒厂一般都用液体酵母菌接菌或扩大培养；小型酒厂或家庭酿酒，就直接买现成的干燥水果酵母菌，活化后再使用，既方便又安全。酵母菌被活化后，只要有营养源就可以不断地被扩大培养，发挥发酵力。

活性酵母菌的添加量一般为原料量的万分之五，即1千克水果或水果汁，添加0.5克的活性酵母菌。活法方法是用酵母菌10倍量的2~3度的糖水（35~38℃）活化30分钟。

如果没有糖度计，很难调出2度的糖水，这时加入3~5粒砂糖让其溶解即可。通常，我会用一点点开水先将糖溶解，再用冷开水补足水量，若糖水还是比较烫，就等它冷却到35℃时再加酵母菌活化，这样不容易出差错。

水果用活性酵母菌活化操作方法

1千克水果添加万分之五的水果专用活性酵母菌，用其10倍量的糖水（糖度为2~3度，温度约38℃）活化：

0.5克活性干酵母
+
5毫升38℃，2~3 Brix 的糖水

将定量好的活性干酵母及糖水搅拌至活性干酵母完全溶解，静置20~30分钟。

将发酵用的空桶灭菌，冷却后，倒入压榨后的果汁，测出其原始糖度，不足的糖度用糖水补足。

加入提前溶解定量好的糖水溶液，搅拌均匀。

将发酵桶中发酵液的糖度调整至16~18度或25度，然后加入已活化好的酵母菌液，开始发酵。

先生，你的酒

阿嬷水果酒

从前，很多酿酒者都是家庭主妇或老年人，他们对酿酒知识一知半解，甚至大部分都是生活技能复制型的实践者，所有的酿酒方法都是依靠街坊邻居和亲戚朋友口耳相传，有能力的人再不断地修正失败的经验。所以，早期酿酒失败率很高，作品的完美率很低，这也是过去酿酒无法普及的重要原因。

台湾地区广为流传的传统阿嬷水果酒，它的酿造口诀就是："一层水果一层糖，一斤（600克）水果四两（150克）糖。"

虽然只有短短的十四个字，科学的酿酒要领已包含在里面，只是很多人只把它当作顺口溜，没有深入去了解个中的含义。此种做法以现代科学的眼光来看，是符合酿酒原理的，因为分层的糖会比一层厚厚的糖要溶解得均匀，溶解速度也更快。虽没外有加酵母菌，但以前很少用农药或生长激素，所以直接用水果表面残存的天然酵母菌即可酿出水果酒。

为什么一斤水果要添加四两糖呢？其原因是当初在酿水果酒时，水果清洗后基本上没有破碎，水果内的糖没有立即被释放出来，等于发酵初期，发酵缸内的水果糖度为零，而水果酒适合的发酵糖度为25度，"一斤水果四两糖"的糖度正好是25度，这个糖度适合初期发酵。阿嬷酿的酒之所以被诟病太甜，原因出在发酵条件不好，造成发酵不完全，糖无法充分转成酒精，残糖就会过多。不过传统方法酿水果酒的最大好处是只加了糖，甚至没额外加水，更没有加二氧化硫或其他抑菌剂，所以早期的水果酒虽然都有偏甜且酒精度偏低的现象，但浓纯好喝有口碑。

改良式阿嬷水果酒

后来，在很多的酿酒推广活动中，为了让喜欢酿酒的学员能更顺利地酿造水果酒，我用传承的心态套用阿嬷的口诀，再结合现代的酿酒理论去改进口诀，经试验效果很好。

我的改良式口诀是：一斤水果二两（75克）糖，一层水果一层糖。"二两糖"相当于12.5度糖，再加上一般水果本身的糖度（一般为10~12度），就能符合酿酒糖度设计在25度的原则，以"一斤水果二两糖"作为基准，如果水果不够甜，糖度不到10度就改加2.5两（约94克）糖；如果水果太甜，可以改成只加1.5两（约56克）糖。加糖量可直接心算，减少了麻烦。按这种方法加糖，发酵时糖度不会过高，发酵速度会变快，发酵也更容易完全，可向无糖残留的水果酒模式进行，节省了成本，也符合国际酿酒的需求。

另外，考虑到家庭酿酒的实际条件，直接用各种处理好的浓缩果汁来酿酒会更方便。由于水果的前期处理已全部完成，对场地的要求会降低，也可节省非常多的设备方面的投入。购买时要特别注意果汁的风味，别因风味而弄巧成拙。

传统阿嬷白葡萄酒的酿法

成品分量：600毫升

制作所需时间：1~3个月

材料：
◎金香葡萄1千克（去梗后的重量）或其他葡萄
◎砂糖60克

工具：
◎1.8升发酵罐1个
◎封口布1片
◎塑料袋1个
◎橡皮筋1根

步骤:

1 将去梗、去蒂、去坏果后的金香葡萄轻轻冲洗（也可以不清洗，以免破坏附着于葡萄表面的野生酵母），放置备用。

2 用酒精消毒发酵罐。

3 将葡萄放入发酵罐中，铺一层葡萄就撒一层砂糖，最后在最上面撒一层砂糖。

先生，你的酒

4 用封口布封住罐口，先好氧发酵一天。第二天用塑料袋盖好罐口，外用橡皮筋套紧，约半年后开封，过滤澄清即可饮用。（其实三个月后就可以喝了，但酿得久一点果汁出汁会比较完全，酒的口感会更好。）

橙子酒

　　在水果之中，橙子可以说是相当有人气的种类了。橙子皮特有的香味可以让空气变得清新，令人心情愉悦，古人甚至将橙子的果皮用作薰香替代品。

　　橙子的果肉酸甜可口，饱满的果汁令唇齿留香，拿来榨汁喝真是再好不过了。橙汁大家都喝过，橙子酒却很少有人知道。其实，柑橘类的水果香气十足，非常适合酿酒。

橙子酒的酿法

成品分量：400毫升

制作所需时间：1~3个月

材料：
◎新鲜橙子1千克（去皮后约剩600克的汁与果肉）
◎砂糖约75克
◎酒用水果酵母0.3克

工具：
◎1.8升发酵罐1个
◎封口布1片
◎塑料袋1个
◎橡皮筋1根

步骤：

1 将橙子去皮，称取果肉与果汁600克，用手捏碎或用机器打碎，去籽。

2 用糖度折光仪测量橙汁糖度。用25减去橙汁的糖度即为要加糖补足的糖度，根据糖度换算出需要加入的砂糖的量。如果没有糖度计，就按材料中所列的砂糖量添加，误差应该不大。

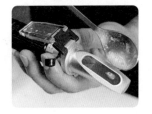

3 将酒用水果活性干酵母菌按程序活化备用。

4 将糖加入发酵罐中，搅拌均匀，再加入已活化好的酵母菌，混匀。

5 先用封口布封住罐口，好氧发酵一天，第二天将罐口用塑料袋密封，开始厌氧发酵，一直到发酵完成。发酵期为1~3个月，视发酵情况而定。发酵初期酒味重，酒液有甜味但没有水果香气，发酵后期酒精度升高，香气浓，但甜味降低甚至没有甜味，还会产生微酸。

6 发酵完成后可将酒液压榨过滤，家庭酿酒可直接用过滤袋挤压过滤，再澄清转桶数次即可。酿酒量大时，可采用自然澄清的方式取其上层清液，沉淀后再压榨过滤。

7 在装瓶前可根据自己的需要调整酒精度、糖度，甚至色泽等。

8 若要长时间保存，可将酒装瓶后用70℃的水浴隔水加热1小时，将杂菌杀死。也可采用国外的方式，添加二氧化硫或直接加抑菌剂处理。

【酿酒师说】

1. 如果不在乎酒精度的高低，可不用加糖来酿造，酿出的酒风味更会纯厚，但酒精度可能只有5~8度而已。一般酿酒的糖度与酒精度的关系大概是2度的糖度转变成1度的酒精度，所以糖度为25度的水果，可酿出酒精度约为12.5度的水果酒。如果想要酒精度更高的酒，除了发酵过程中补糖外，最常用的方法是直接添加食用酒精，或采用蒸馏法，通过浓缩提高酒精度。

2. 添加的糖用砂糖即可。传统酿酒常用冰糖，我认为冰糖用在浸泡酒较好，发酵的酒用不太精致的糖即可。建议用特级砂糖，酒的风味会较清甜，水果的本色也不会受到影响。

3. 水果酵母菌使用前最好先活化，让干燥的酵母菌苏醒再增殖，成功率更高。活化的方法请参阅水果用活性干酵母菌用于酒类的方法（p.128）。

4. 果汁补糖量的计算方法有两种。一种是比较精确的算法。例如，测出果汁的糖度为12.5度，而酿酒需要的糖度是25度，则需要补充的糖度为12.5度。现有600克果汁，12.5度×600＝7500，一般砂糖的糖度以100%计算，7500÷100＝75克。所以，补糖75克即可。

在家庭酿酒中，不一定要如此精算，读者可采用传统酿酒"一斤水果四两糖"的比例来计算补加糖量。例如这四两（150克）糖形成的糖度是25度，现在橙汁的糖度是12.5度，要补12.5度的糖，是25度的1/2，也就是四两糖的1/2，所以加75克糖即可。

红葡萄酒

可用于酿制红葡萄酒的葡萄品种非常多，台湾地区是以台中、彰化两县市生产的黑后葡萄为酿红葡萄酒的唯一选择。读者们熟知的巨峰葡萄或蜜红葡萄其实是鲜食葡萄，并不适合拿来酿酒，但如果取得方便或用果农理果下来的葡萄来酿酒也是可以的，只是酒的香气、风味和色泽会与我们熟悉的不同。

红葡萄酒的酿法

成品分量：600毫升

制作所需时间：1~3个月

材料：

◎黑后葡萄或其他种类的葡萄1千克（去梗后的重量）

◎砂糖65克

◎酒用水果酵母0.5克

工具：

◎1.8升发酵罐1个

◎封口布1片

◎塑料袋1个

◎橡皮筋1根

步骤：

1 将去梗、去蒂、去坏果后的黑后葡萄洗净，晾干后备用。

2 取0.5克酒用水果酵母菌，按前文所述的方法（见p.128）活化。

3 将晾干的葡萄用手捏碎，使汁液流出。

4 取一滴葡萄汁用糖度折光仪测量糖度，25度减葡萄汁糖度即为需要加糖补足的糖度，根据糖度换算出需要加入的砂糖的量。如果没有糖度计，就按材料中所列的砂糖量添加，误差应该不大。

5 调好发酵糖度后，将葡萄果肉和汁液一起倒入发酵罐，再加入已活化好的酵母菌，与葡萄汁搅拌均匀即可。

6 将封口布用酒精消毒，盖住罐口，用橡皮筋套好，先好氧发酵一天，让加入的酵母菌大量增殖。第二天用塑料袋密封罐口，开始进行厌氧发酵，让酵母菌开始工作，将糖转化成酒精。

7 若条件都对，约一个星期就可以发酵完成。若一星期后酒醪仍在继续发酵，就再等一个星期，不要急着过滤转桶，等到发酵完成，液面没有气泡、液体有些澄清时再做过滤转桶。

8 转桶后，让它继续发酵熟成1~3个月，即可用虹吸的方法将上层澄清的葡萄酒液取出装瓶，再以70℃的水浴隔水加热1小时灭菌，让葡萄酒不再发酵、味道不再变化，最后封盖锁盖。

【酿酒师说】

若经济条件许可，发酵葡萄酒或任何其他水果酒时，最好用水封（发酵罐）封住罐口，效果比用封口布好，也可大幅减少污染。好氧发酵时，水封内不加水，空气仍可自由进出。厌氧发酵时，在水封内加适量的水阻隔空气进入发酵罐，同时发酵罐里面的空气会因为压力会被强行排出。

白葡萄酒

可以用来酿制白葡萄酒的葡萄品种比较少，在台湾地区，金香葡萄是最佳选择，它的甜度够（大约为16度）且香气幽雅。一般用绿色皮的葡萄来酿白葡萄酒，如果用其他颜色的葡萄，要先去葡萄皮，只用果肉和汁来酿。金香葡萄的甜度与香气都相当不错，但不是绿色的葡萄就是金香葡萄，买的时候要问清楚。用自家庭院种的酸葡萄或果农理果下来的青涩葡萄来酿酒也可以，只是香气风味和色泽可能会有些不同。

白葡萄酒的酿法

成品分量：600毫升

制作所需时间：1~3个月

材料：
◎金香葡萄1千克（去梗后的重量）或其他品种的葡萄
◎砂糖60克
◎酒用水果酵母0.5克

工具：
1.8升发酵罐1个
封口布1片
塑料袋1个
橡皮筋1根

步骤：

1 将去梗、去蒂、去坏果后的金香葡萄洗净，晾干备用。

2 取0.5克酒用水果酵母菌，按程序活化。

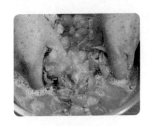

3 将已晾干的葡萄用手捏碎，使汁液流出。

4 取一滴葡萄汁用糖度折光仪测糖度，用25减去葡萄汁糖度即为需要加糖补足的糖度，根据糖度换算出需要加入的砂糖的量。如果没有糖度计，就按材料中所列的砂糖量添加，误差应该不大。

5 调好发酵糖度后，将葡萄果肉和汁液一起倒入发酵罐，再加入活化好的酵母菌，与葡萄汁搅拌均匀。

 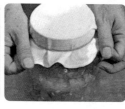 

6 用消毒过的封口布封住罐口，先好氧发酵一天，让加入的酵母菌大量增殖。第二天用塑料袋密封罐口，开始进行厌氧发酵，让酵母菌开始工作，将糖转化成酒精。

7 若条件都对，约一个星期就可以发酵完成。若一星期后酒醪仍在继续发酵，就再等一个星期，不要急着过滤转桶，等到发酵完成，液面没有气泡、液体有些澄清时再过滤转桶。（也可用塑料袋装冷开水将表面的葡萄渣压下发酵。）

8 转桶后，让它继续发酵熟成1~3个月，即可用虹吸的方法将上层澄清的葡萄酒液取出装瓶，再以70℃的水浴隔水加热1小时灭菌，让葡萄酒不再发酵、味道不再变化，最后封盖锁盖。

【酿酒师说】

　　若经济条件允许，发酵葡萄酒或其他任何水果酒时，最好用发酵栓封住罐口，比用封口布的效果要好，也可大幅减少污染。好氧发酵时，发酵栓内不要加水，空气仍可自由进出。厌氧发酵时，在发酵栓内加适量的水以阻隔外界空气进入，同时发酵罐里的空气会因为压力被强行排出。

荔枝酒

荔枝产于中国的南方地区，主要分布在广东、福建、广西、四川、台湾等省份。荔枝在我国有非常悠久的种植历史，最早可以追溯到汉代。它香气浓郁、外皮鲜艳，自古以来就深受人们喜爱。史书上记载，杨贵妃"好食荔枝，南海所生，尤胜蜀者，故每岁飞驰以进"；苏轼更是写下了"日啖荔枝三百颗，不辞长作岭南人"的诗句。

荔枝最初的名字是"离支"，因为古人发现这种水果"若离本枝，一日色变，三日味变"。一些国家没有新鲜的荔枝，只能用香料去调制荔枝酒，所以我们要好好利用手上的鲜果资源酿出好酒。下面介绍的是荔枝酒的基本酿造流程，读者可根据自己的条件去修改。

❖ 荔枝酒的酿法

成品分量：400毫升

制作所需时间：1~3个月

材料：
◎新鲜的鲜红荔枝1200克（去皮、去核后约剩600克）
◎砂糖60克
◎酒用水果酵母0.5克

工具：
◎1.8升发酵罐1个
◎封口布1片
◎塑料袋1个
◎橡皮筋1根

步骤:

1 将荔枝去梗、去蒂、去坏果后，洗净、晾干备用。

2 取0.5克酒用水果活性干酵母菌按程序活化备用。

  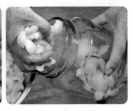

3 将荔枝去皮，去核，将果肉及果汁倒入发酵罐中。

4 取一滴荔枝汁用糖度折光仪测糖度，然后用25减去荔枝汁的糖度就是需要加糖补足的糖度，根据糖度换算出需要加入的砂糖的量。如果没有糖度计，就用材料所列的砂糖量，误差应该不大。

5 调好发酵糖度后，加入活化好的酵母菌，与荔枝汁搅拌均匀即可。

6 用消毒后的封口布封住罐口，先好氧发酵一天，让加入的酵母菌大量增殖。第二天用塑料袋密封罐口，开始进行厌氧发酵，让酵母菌开始工作，将糖转化成酒精。

7 若条件都对，大约两星期就可以发酵完成。若酒醪仍在继续发酵，就再等一个星期，不要急着过滤转桶，等到发酵完成，液面没有气泡，液体有些澄清时再过滤转桶。

8 转桶后，继续发酵熟成1~3个月，即可用虹吸的方法将上层澄清的荔枝酒液取出装瓶。将装好的荔枝酒用70℃的水浴加热1小时灭菌，使荔枝酒不再发酵、味道不再变化，最后封盖锁盖。

【酿酒师说】

1. 若经济条件允许，最好用发酵栓封住罐口，比用封口布的效果要好，也可大幅减少污染。好氧发酵时，发酵栓内不要加水，空气仍可自由进出。厌氧发酵时，在发酵栓内加适量的水以阻隔外界空气进入，同时发酵罐里的空气会因为压力被强行排出。

2. 酿制荔枝酒采用传统的酿酒法就行，不需要额外加添加剂。一定要确保发酵罐清洁无污染，糖度要调整到位，水果酵母菌要活化，荔枝要去皮去核，发酵过程中汁液一定要淹过果肉。

3. 如果要增加酒的色泽，可以先单独取洗干净的荔枝外皮装于另一容器中，用40度的酒浸泡，溶出香气与色泽。一个月后，将果皮浸泡液加入荔枝果肉的浸泡液中混匀，这样酒的整体香气与色泽会提升很多。

苹果酒

苹果酒在国外非常流行，有着悠久的酿造历史。在中世纪时期，英国的苹果种植区就有庄园酿制的苹果酒出售。近些年来，随着中国酿酒技术的进步，在一些知名的苹果产区（比如山东烟台、辽宁熊岳）也出现了优质的苹果酒。

苹果是一种清甜美味又健康的水果，苹果酒也是深受酿酒者喜爱的一种果酒。酿制苹果酒的材料很容易取得，我们随时可以买到新鲜的苹果来酿制苹果酒。当然，直接用浓缩苹果汁来酿酒，操作起来更简单。选购浓缩苹果汁时要注意其中是否含有大量的防腐剂，防腐剂会影响酿酒的发酵过程。

方法一：用酒用水果酵母当菌种

成品分量：600毫升

制作所需时间：1~3个月

材料：
◎苹果600克
◎砂糖75克
◎酒用水果酵母0.5克（菌数10^8以上）

工具：
◎1.8升发酵罐1个
◎封口布1片
◎塑料袋1个
◎橡皮筋1根

步骤:

1 将苹果去蒂，削皮，切块（也可榨成汁，去除果肉，只用果汁），放入发酵罐中备用。

2 用糖度折光仪测量苹果汁糖度。用25减去苹果汁的糖度就是需要加糖补足的糖度，根据糖度换算出需加入的冰糖或砂糖的量。如果没有糖度计，就按材料中所列的砂糖量添加，误差应该不大。

3 将砂糖倒入水中，用小火煮至砂糖全部溶解，将糖水放凉至35℃后，倒入发酵罐中。也可以直接将砂糖倒入发酵罐中。

4 将酒用水果活性干酵母菌按程序活化备用。

5 将活化好的酵母菌倒入发酵罐中，搅拌均匀。

6 第一天用封口棉布封住罐口，采用好氧发酵。第二天改用塑料袋盖住罐口，外用橡皮筋套紧，采用厌氧发酵。

7 发酵约30天后即可开封饮用。

方法二：
用 40 度米酒或食用酒精浸泡

材料：
◎苹果300克
◎冰糖（或砂糖）200克
◎40度米酒0.9升

工具：
◎1.8升发酵罐1个
◎封口布1片
◎塑料袋1个
◎橡皮筋1根

步骤：

1 将苹果洗净、沥干、去蒂、削皮后切片或切丁，放入发酵罐中备用。

2 将砂糖和米酒倒入发酵罐中混匀，用封口布封住罐口，第二天改用塑料袋盖住罐口，盖好盖子，将发酵罐置于阴凉处。

3 浸泡3个月后，用过滤袋过滤酒渣后即可饮用。要将过滤出的酒汁装于细口瓶中，以免酒质混浊。

方法三：传统的阿嬷酿法

材料：

◎新鲜苹果600克（选用没有上蜡的苹果）

◎砂糖150克（加糖太多容易变成甜酒，可根据口味适当减糖）

◎天然野生酵母菌（苹果表面的天然菌种）

工具：

◎1.8升发酵罐1个

◎封口布1片

◎塑料袋1个

◎橡皮筋1根

步骤：

1 将苹果去蒂，轻轻冲洗（也可以不必清洗，以免破坏附着于苹果表面的野生酵母）、沥干、切块备用。

2 将苹果块放入发酵罐中，放一层苹果就撒一层砂糖，最后在最上面撒一层砂糖。

3 用封口布封住罐口，第二天改用塑料袋盖好罐口，外用橡皮筋套紧，约半年后开封，过滤澄清之后即可饮用。（其实3个月就可以喝了，但酿得久一点果汁出汁会比较完全，风味会更好。）

芒果酒
2015.6.22

蘋果酒
2015.6.22

阿嬤的葡萄酒
2015.6.22

柠檬酒

柠檬原产于东南亚，在中国的南方地区很常见。除了鲜食外，柠檬常用于烹饪美食或酿醋，较少用于酿酒，主要是因为柠檬汁偏酸，不容易发酵，若用碱性物质去调整，又会造成风味不正宗。所以，过去人们酿柠檬酒都用阿嬷酿酒法，就算酿不成酒至少是甜的柠檬汁，直接用冰水稀释非常好喝。在日本，家庭酿酒者常用新鲜柠檬汁来调整酒醪的酸性环境，减少杂菌的污染。

方法一：用酒用水果酵母当菌种

成品分量：400毫升

制作所需时间：1~3个月

材料：
◎柠檬600克
◎砂糖75克
◎酒用水果酵母0.5克（菌数10^8以上）

工具：
◎1.8升发酵罐1个
◎封口布1片
◎塑料袋1个
◎橡皮筋1根

步骤:

1 将柠檬切片（也可榨汁，只用柠檬汁），放入发酵罐中备用。

2 用糖度计测量柠檬汁的糖度。用25减去柠檬汁的糖度就是需要加糖补足的糖度，根据糖度算出需要加入的砂糖的量。如果没有糖度计，就按材料中所列的砂糖量添加，误差应该不大。

3 将砂糖倒入水中，用小火煮至砂糖全部溶解，将糖水放凉至30℃后倒入发酵罐中，搅拌均匀。也可以直接将糖倒入发酵罐中。

4 将酒用水果活性干酵母菌按程序活化备用。将活化好的酵母菌加入发酵罐中，搅拌均匀。

5 第一天用封口棉布封住罐口，采用好氧发酵。第二天改用塑料袋盖住罐口，外用橡皮筋套紧，采用厌氧发酵。发酵约45天即可开封饮用。

方法二：
用40度米酒或食用酒精浸泡

材料：
柠檬300克，冰糖（或砂糖）200克，40度米酒0.9升

工具：
1.8升发酵罐1个，封口布1片，塑料袋1个，橡皮筋1根

步骤：

1 将柠檬洗净、沥干、去蒂，连皮切片，放入发酵罐中备用。

2 将冰糖和米酒倒入发酵罐中混匀，用封口布封住罐口，第二天改用塑料袋盖住罐口，盖好盖子，将发酵罐置于阴凉处。

3 浸泡3个月后，用过滤袋过滤掉酒渣后即可饮用。要将酒汁装于细口瓶中，以免酒质混浊。

方法三：传统的阿嬷酿法

材料：
◎新鲜柠檬600克
◎砂糖150克（加糖太多容易变成甜酒，可根据口味适当减糖）
◎天然野生酵母菌（柠檬表面的天然菌种）

工具：
◎1.8升发酵罐1个
◎封口布1片
◎塑料袋1个
◎橡皮筋1根

步骤：

1 将柠檬去蒂，轻轻冲洗（也可不必清洗，以免破坏附着于柠檬表面的野生酵母）、沥干，连皮切片备用。

2 将柠檬片放入发酵罐中，放一层柠檬就撒一层砂糖，最后在最上面撒一层砂糖。

3 用封口布封住罐口，第二天改用塑料袋盖好罐口，外用橡皮筋套紧，约半年后开封即可饮用。（其实3个月就可以喝了，但酿得久一点果汁出汁会比较完全，风味会更好。）

桑葚酒

　　每年的四月到六月是桑葚的盛产期，具体的成熟时间因地区不同而有所差异，南方早一些，北方稍晚一些。目前市面上的桑葚品种大多是经过改良的，在甜度、颗粒大小和形状上都要优于过去的品种。桑葚味甜汁多，可以鲜食，也可以做成果汁、果酱，亦可用于酿酒。用桑葚酒炖的牛肉非常可口。

　　一般水果酒都有三种基本酿制方法：用酒用活性水果酵母菌当菌种、用40度米酒或食用酒精浸泡以及传统的阿嬷酿法（或用传统酒曲酿制）。每种方法都有其特色和可取之处，不必拘泥于一种方法，选自己操作起来方便的方法就好。

方法一：用酒用水果酵母当菌种

成品分量：500毫升

制作所需时间：1~3个月

材料：
◎桑葚600克
◎砂糖75克
◎酒用水果酵母0.5克（菌数10^8以上）

工具：
◎1.8升发酵罐1个
◎封口布1片
◎塑料袋1个
◎橡皮筋1根

步骤：

1 将桑葚去梗、切块（也可榨汁，只用桑葚汁），放入发酵罐中备用。

2 用糖度折光仪测量桑葚汁糖度。用25减去桑葚汁的糖度就是需要补足的糖度，根据糖度算出需要加入的砂糖的量。如果没有糖度计，就按材料中所列的砂糖量添加，误差应该不大。

3 将砂糖倒入水中，用小火煮至砂糖全部溶解。将糖水放凉至30℃后倒入发酵罐中，搅拌均匀。也可以直接将砂糖倒入发酵罐中。

4 将酒用水果活性干酵母菌按程序活化备用。

5 将活化好的酵母菌倒入发酵罐中，搅拌均匀。

6 第一天用封口棉布封住罐口，采用好氧发酵。第二天改用塑料袋盖住罐口，外用橡皮筋套紧，采用厌氧发酵。发酵约45天后即可开封饮用。

🍶 方法二：
用40度米酒或食用酒精浸泡

材料：
桑葚300克，冰糖（或砂糖）200克，40度米酒0.9升

工具：
1.8升发酵罐1个，封口布1片，塑料袋1个，橡皮筋1根

步骤：

1 将桑葚洗净、沥干、去梗，放入发酵罐中备用。

2 将冰糖和米酒倒入发酵罐中混匀，用封口布封住罐口，第二天改用塑料袋盖住罐口，盖好盖子，置于阴凉处。

3 浸泡3个月后，使用过滤袋过滤掉酒渣后，即可饮用。要将过滤出的酒汁装于细口瓶中，以免酒质混浊。

方法三：传统的阿嬷酿法

材料：

◎新鲜桑葚600克

◎砂糖150克（加糖太多容易变成甜酒，可根据口味适当减糖）

◎天然野生酵母菌（桑葚表面的天然菌种）

工具：

◎1.8升发酵罐1个

◎封口布1片

◎塑料袋1个

◎橡皮筋1根

步骤：

1 先将桑葚去梗，轻轻冲洗（也可以不必清洗，以免破坏附着于桑葚表面的野生酵母）、沥干、切块备用。

2 将桑葚放入发酵罐中，放一层桑葚就撒一层砂糖，最后在最上面撒一层砂糖。

3 用封口布封住罐口，第二天改用塑料袋盖好罐口，外用橡皮筋套紧，约半年后开封即可饮用。（其实3个月就可以喝了，但酿得久一点果汁出汁会比较完全，风味会更好。）

阳桃酒

　　小时候我住在乡下，几乎挨家挨户都种阳桃，吃不完的阳桃就等它们熟透后掉到地上被鸡啄食，当作饲料。当时的阳桃品种没有改良过，都偏酸不够甜，不适合鲜食，但很合适加工成蜜饯、果汁或用来酿酒或醋。当时市场上非常流行一种"黑面蔡阳桃汁"，品牌很响亮，不过它是用盐腌渍的阳桃汁产品，与酿酒、酿醋的做法不同。

　　我第一次接触到的自酿酒，就是堂姐用糯米与阳桃一起酿的阳桃糯米酒，长大后因为听说阳桃吃多了会对肾脏不好而较少去触碰。不过经过酿造的阳桃酒很好喝，只是要注意不要过量饮酒。

⁇ 方法一：用酒用水果酵母当菌种

成品分量：500毫升

制作所需时间：1~3个月

材料：
◎阳桃600克
◎砂糖75克
◎酒用水果酵母0.5克（菌数10^8以上）

工具：
◎1.8升发酵罐1个
◎封口布1片
◎塑料袋1个
◎橡皮筋1根

步骤：

1 将阳桃去蒂、去边后切片或切条（也可榨汁，只用阳桃汁），放入发酵罐中备用。

2 用糖度折光仪测量阳桃汁的糖度。用25减去阳桃汁的糖度就是需要加糖补足的糖度，根据糖度算出需要加入的砂糖的量。如果没有糖度计，就按材料中所列的砂糖量添加，误差应该不大。

3 将砂糖倒入水中，用小火煮至砂糖全部溶解。将糖水放凉至30℃后倒入发酵罐中，搅拌均匀。也可以直接将砂糖倒入发酵罐中。

4 将酒用水果活性干酵母菌按程序活化备用。

5 将活化好的酵母菌倒入发酵罐中，搅拌均匀。

6 第一天用封口棉布封住罐口，采用好氧发酵。第二天改用塑料袋盖住罐口，外用橡皮筋套紧，采用厌氧发酵。发酵约30天后即可开封饮用。

🎗 方法二：
用40度米酒或食用酒精浸泡

材料：
阳桃300克，冰糖（或砂糖）200克，40度米酒0.9升

工具：
1.8升发酵罐1个，封口布1片，塑料袋1个，橡皮筋1根

步骤：

1 将阳桃洗净、沥干、去蒂后切片或切条，放入发酵罐中备用。

2 将冰糖和米酒倒入发酵罐中混匀，用封口布封住罐口，第二天改用塑料袋盖住罐口，盖好盖子，将发酵罐置于阴凉处。

3 浸泡3个月后，用过滤袋过滤掉酒渣后即可饮用。要将过滤出的酒汁装于细口瓶中，以免酒质混浊。

方法三：传统的阿嬷酿法

材料：
◎新鲜阳桃600克
◎砂糖150克（加糖太多容易变成甜酒，可根据口味适当减糖）
◎天然野生酵母菌（阳桃表面的天然菌种）

工具：
◎1.8升发酵罐1个
◎封口布1片
◎塑料袋1个
◎橡皮筋1根

步骤：

1 将阳桃去蒂、去边，轻轻冲洗（也可以不必清洗，以免破坏附着于阳桃表面的野生酵母）、沥干、切块备用。

2 将切好的阳桃放入发酵罐中，放一层阳桃肉就撒一层砂糖，最后在最上面撒一层砂糖。

3 用封口布封住罐口，第二天改用塑料布盖好罐口，外用橡皮筋套紧，约半年后开封即可饮用（其实3个月就可以喝了，但酿得久一点果汁出汁会比较完全，风味会更好）。

李子酒

　　小时候，我常常能喝到李子酒。李子很适合用来酿酒，它的果汁是紫红色的，非常好看。但是处理李子的时候要注意，不要把果汁沾到衣服上，不然会很难洗去。

❧ 方法一：用酒用水果酵母当菌种

成品分量：400毫升

制作所需时间：1~3个月

材料：
◎李子600克
◎砂糖75克
◎酒用水果酵母0.5克
（菌数10^8以上）

工具：
◎1.8升发酵罐1个
◎封口布1片
◎塑料袋1个
◎橡皮筋1根

步骤:

 **1** 将李子去蒂,用刀划开果肉(也可榨汁,只用李子汁),放入发酵罐中备用。

 **2** 用糖度折光仪测量李子汁的糖度。用25减去李子汁的糖度就是需要加糖补足的糖度,根据糖度算出需要加入的砂糖的量。如果没有糖度计,就按材料中所列的砂糖量添加,误差应该不大。

 **3** 将砂糖倒入水中,用小火煮至砂糖全部溶解。将糖水放凉至30℃后倒入发酵罐中,搅拌均匀。也可以直接将砂糖倒入发酵罐中。

 **4** 将酒用水果活性干酵母菌按程序活化备用。

5 将活化好的酵母菌倒入发酵罐中，搅拌均匀。

6 第一天用封口棉布封住罐口，采用好氧发酵。第二天改用塑料袋盖住罐口，外用橡皮筋套紧，采用厌氧发酵。

7 发酵约30天后即可开封饮用。

方法二：
用40度米酒或食用酒精浸泡

材料：
◎李子300克
◎冰糖（或砂糖）200克
◎40度米酒0.9升

工具：
◎1.8升发酵罐1个
◎封口布1片
◎塑料袋1个
◎橡皮筋1根

步骤：

1 将李子洗净、沥干、去蒂后用刀划开果肉（也可不划），放入发酵罐中备用。

2 将冰糖和米酒倒入发酵罐中混匀，用封口布封住罐口，第二天改用塑料袋盖住罐口，盖好盖子，将发酵罐置于阴凉处。

3 浸泡3个月后，用过滤袋过滤掉酒渣后即可饮用。要将过滤出的酒汁装于细口瓶中，以免酒质混浊。

方法三：传统的阿嬷酿法

材料：
◎新鲜李子600克
◎砂糖150克（加糖太多容易变成甜酒，可根据口味适当减糖）
◎天然野生酵母菌（李子表面的天然菌种）

工具：
◎1.8升发酵罐1个
◎封口布1片
◎塑料袋1个
◎橡皮筋1根

步骤：

1 将李子去蒂，轻轻冲洗（也可以不必清洗，以免破坏附着于李子表面的野生酵母）、沥干，日晒半天，在果实表面划4刀。

2 将处理好的李子放入发酵罐中，放一层李子就撒一层砂糖，最后在最上面撒一层砂糖。

3 用封口布封住罐口，第二天改用塑料袋盖好罐口，外用橡皮筋套紧，约半年后开封即可饮用。（其实3个月就可以喝了，但酿得久一点果汁出汁会比较完全，风味会更好。）

梅子酒

梅子酒是一种非常受欢迎的水果酒，每年的四月份是新鲜梅子上市的季节。有的商家还会在销售梅子时附上梅子酒的制作方法，只要愿意去尝试，3个月至半年就可以享受到成果。

我很喜欢梅子酒，浸泡制作的梅子酒酒精度一般都比较高（约为35度）、酒液比较清澈，比酿造制作的梅子酒（酒精度约为12度）好喝。可以将去年酿的梅子酒澄清过滤后，放入两粒今年腌渍的脆梅，会非常漂亮又可口。

方法一：用酒用水果酵母当菌种

成品分量：400毫升

制作所需时间：1~3个月

材料：
◎梅子600克
◎砂糖75克
◎酒用水果酵母0.5克（菌数10^8以上）

工具：
◎1.8升发酵罐1个
◎封口布1片
◎塑料袋1个
◎橡皮筋1根

步骤：

1 将梅子去蒂，用刀划开果肉（也可榨汁，只用梅子汁），放入发酵罐中备用。

2 用糖度折光仪测量梅子汁的糖度。用25减去梅子汁的糖度就是需要加糖补足的糖度，根据糖度算出需要加入的砂糖的量。如果没有糖度计，就按材料中所列的砂糖量添加，误差应该不大。

3 将砂糖倒入水中，用小火煮至砂糖全部溶解。将糖水放凉至35℃后倒入发酵罐中，搅拌均匀。也可以直接将砂糖倒入发酵罐中。

4 将酒用水果活性干酵母菌按程序活化备用。

5 将活化好的酵母菌倒入发酵罐中，搅拌均匀。

6 第一天用封口棉布封住罐口，采用好氧发酵。第二天改用塑料袋盖住罐口，外用橡皮筋套紧，采用厌氧发酵。发酵约60天即可开封饮用。

【酿酒师说】

梅子的营养成分主要看它的有机酸含量，用有机酸含量高的梅子酿出来的酒会比较香。

方法二：
用 40 度米酒或食用酒精浸泡

材料：
梅子300克、冰糖（或砂糖）200克、40度米酒0.9升

工具：
1.8升发酵罐1个、封口布1片、塑料袋1个、橡皮筋1根

步骤：

1 将梅子洗净、沥干、去蒂后用刀划开果肉（也可不划），放入发酵罐中备用。

2 将冰糖和米酒倒入发酵罐中混匀，用封口布封住罐口，第二天改用塑料袋盖住罐口，盖好盖子，将发酵罐置于阴凉处。

3 浸泡3个月后，用过滤袋过滤掉酒渣后即可饮用。要将过滤出的酒汁装于细口瓶中，以免酒质混浊。

【酿酒师说】

曾有学术单位做过研究，他们认为浸泡水果酒的最佳固液比例是水果：酒 = 1：1，但这样做成本太高，家庭酿酒可稍作调整。在浸泡时，要遵守酒一定要淹过水果的原则，另一个原则是水果：酒 = 1：2以上。其中最重要的就是酒加入后是否能淹过水果，读者可尝试用消毒后的小瓷盘压在水果上层帮助水果沉下，使水果表面都能淹到酒汁，以免水果褐变而影响酒质。

方法三：传统的阿嬷酿法

材料：
◎新鲜梅子600克
◎砂糖150克（加糖太多容易变成甜酒，可根据口味适当减糖）
◎天然野生酵母菌（梅子表面的天然菌种）

工具：
◎1.8升发酵罐1个
◎封口布1片
◎塑料袋1个
◎橡皮筋1根

步骤：

1 将梅子去蒂，轻轻冲洗（也可以不必清洗，以免破坏附着于梅子表面的野生酵母）、沥干，日晒半天，在果实表面划4刀。

2 将处理好的梅子放入发酵罐中，放一层梅子就撒一层砂糖，最后在最上面撒一层砂糖。

3 用封口布封住罐口，第二天改用塑料袋盖好罐口，外用橡皮筋套紧，约半年后开封即可饮用。（其实3个月就可以喝了，但酿得久一点果汁出汁会比较完全，风味会更好。）

杧果酒

　　杧果香气浓郁，是一种很有名的热带水果。我曾经在海南设立工厂生产杧果汁和水蜜桃汁，两种果汁都很受欢迎。用杧果来酿酒时，尽量选择香气比较浓的品种。此外，个头大些的会比较好处理。

杧果酒的酿法
（用酒用水果酵母当菌种）

成品分量：400毫升

制作所需时间：1~3个月

材料：
◎杧果600克
◎砂糖56克
◎酒用水果酵母0.5克（菌数10^8以上）

工具：
◎1.8升发酵罐1个
◎封口布1片
◎塑料袋1个
◎橡皮筋1根

步骤:

1 将杧果去皮，切片或切条（也可榨汁，只用杧果汁），放入发酵罐中备用。

2 用糖度折光仪测量杧果汁的糖度。用25减去杧果汁的糖度就是需要加糖补足的糖度，根据糖度算出需要加入的砂糖的量。如果没有糖度计，就按材料中所列的砂糖量添加，误差应该不大。

3 将砂糖倒入水中，用小火煮至砂糖全部溶解。将糖水放凉至35℃后倒入发酵罐中，搅拌均匀。也可以直接将砂糖倒入发酵罐中。

4 将酒用水果活性干酵母菌按程序活化备用。

5 将活化好的酵母菌倒入发酵罐中，搅拌均匀。

6 第一天用封口棉布封住罐口，采用好氧发酵。第二天改用塑料袋盖住罐口，外用橡皮筋套紧，采用厌氧发酵。

7 发酵约30天即可开封饮用。

【酿酒师说】

　　杧果香气浓郁，适合酿酒，而且颜色比较艳丽，购买也比较方便。注意不要选择太成熟的杧果，以免有异味。

香蕉酒

　　香蕉是一种黏稠、很容易氧化的水果。由于香蕉肉糖分含量高，在去皮后，香蕉肉遇到空气容易产生美拉德反应，表面会出现褐变，造成成品卖相不好看。而且香蕉果肉中的果胶比较多，在酿酒时会影响发酵。所以在用香蕉酿酒时要额外加些果胶分解酶（添加量约为千分之一）来帮助发酵，才能提高出酒率。如果只是家庭酿酒，可以省掉这一步，因为果胶分解酶不容易买到，而且都是大包装，1千克装的就要人民币1千元左右。

香蕉酒的酿法

成品分量：400毫升

制作所需时间：1~3个月

材料：
◎香蕉600克
◎砂糖75克（最好测出香蕉的糖度，再算出糖的添加量）
◎酒用水果酵母0.5克（菌数10^8以上）

工具：
◎1.8升发酵罐1个
◎封口布1片
◎塑料袋1个
◎橡皮筋1根

步骤:

1 将香蕉剥皮后切片或切段（也可用绞碎机打成香蕉泥），放入发酵罐中备用。

2 用糖度折光仪测量香蕉汁的糖度。用25减去香蕉汁的糖度就是需要加糖补足的糖度，根据糖度算出需要加入的砂糖的量。如果没有糖度计，就按材料中所列的砂糖量添加，误差应该不大。

3 将称好的砂糖倒入水中，用小火煮至砂糖全部溶解。将糖水放凉至35℃后倒入发酵罐中，搅拌均匀。

4 将酒用水果活性干酵母菌按程序活化备用。

5 将活化好的酵母菌倒入发酵罐中,搅拌均匀。

6 第一天用封口棉布封住罐口,采用好氧发酵,让酵母菌充分增殖。第二天改用塑料袋盖住罐口,外用橡皮筋套紧,采用厌氧发酵,让酵母菌开始工作,将糖分转化成酒精。

7 发酵约30天即可开封饮用。

【酿酒师说】

1. 香蕉是果胶含量高、香气足的水果，鲜食很方便，但用来酿酒并不十分容易。市面上的香蕉酒也很少，有款法国产的香蕉酒，酒精度为25度（应该不是酿造酒），但多用于调酒，较少直接喝。或许市场接受度才是很多酒无法生产的真正原因。

2. 严格来说，发酵酿酒需先测水果汁的糖度与pH值，然后再加糖来调节糖度，并控制其通气量。

先生，你的酒

菠萝酒

　　菠萝也是一种传统的热带水果。目前市面上卖的菠萝都是经过改良的品种，已脱去以前太酸的印象。菠萝适合鲜食，也可以加工成菠萝馅、蜜饯、菠萝片等。

　　台湾的凤梨酥是一种深受游客欢迎的特色食品。现在，要找台湾土菠萝做传统凤梨酥的馅料，还要费一番工夫。由于菠萝的香气已为大众所接受，所以菠萝的相关产品也相当多，包括医疗、食品、饲料添加剂用的菠萝蛋白酶，以及菠萝蜜饯、果汁饮品、烘焙产品等等。特别值得一提的是菠萝醋与菠萝酒，在东南亚一带，如泰国，可以看到很多菠萝白兰地，味道不错，值得一尝。

⚃ 方法一: 用酒用水果酵母当菌种

成品分量: 500毫升

制作所需时间: 1~3个月

材料:
◎菠萝600克
◎砂糖75克
◎酒用水果酵母0.5克 (菌数10^8以上)

工具:
◎1.8升发酵罐1个
◎封口布1片
◎塑料袋1个
◎橡皮筋1根

步骤：

1 将菠萝去皮后切丁（也可榨汁，只用菠萝汁），放入发酵罐中，打碎备用。

2 用糖度折光仪测量菠萝汁的糖度。用25减去菠萝汁的糖度就是需要加糖补足的糖度，根据糖度算出需要加入的砂糖的量。如果没有糖度计，就按材料中所列的砂糖量添加，误差应该不大。

3 将砂糖倒入水中，用小火煮至砂糖全部溶解。将糖水放凉至30℃后倒入发酵罐中，搅拌均匀。也可以直接将砂糖倒入发酵罐中。

4 将酒用水果活性干酵母菌按程序活化备用。

先生，你的酒

5 将活化好的酵母菌倒入发酵罐中，搅拌均匀。

6 第一天用封口棉布封住罐口，采用好氧发酵，让酵母菌充分增殖。第二天改用塑料袋盖住罐口，外用橡皮筋套紧，采用厌氧发酵，让酵母菌开始工作，将糖分转化成酒精。

7 发酵约45天即可开封饮用。

方法二：
用40度米酒或食用酒精浸泡

材料：
◎菠萝肉300克
◎冰糖200克
◎40度米酒0.9升

工具：
◎1.8升发酵罐1个
◎封口布1片
◎塑料袋1个
◎橡皮筋1根

步骤：

1 将菠萝去皮，把果肉切成四等份，再切片或切丁，放入发酵罐中备用。

2 将冰糖和米酒倒入发酵罐中混匀，用封口布封住罐口，第二天改用塑料袋盖住罐口，盖好盖子，将发酵罐置于阴凉处。

3 浸泡3个月后，用过滤袋过滤掉酒渣后即可饮用。要将过滤出的酒汁装于细口瓶中，以免酒质混浊。

方法三：用传统酒曲当菌种

材料：
◎菠萝肉丁600克
◎砂糖75克
◎酒曲3克（可酌情增减）

工具：
◎1.8升发酵罐1个
◎封口布1片
◎塑料袋1个
◎橡皮筋1根

步骤：

1 将菠萝去皮切丁（也可榨汁，只用菠萝汁），放入发酵罐中打碎备用。

2 将冰糖倒入水中，用小火煮至全部溶解。将糖水放凉至30℃后倒入发酵罐中。

3 将菠萝丁、糖水、酒曲放入发酵罐中，混匀。用封口布封住罐口，第二天改用塑料袋盖好罐口，外用橡皮筋套紧，约半年后开封即可饮用。（其实3个月就可以喝了，但酿得久一点果汁出汁会比较完全，风味会更好。）

心意

蔬菜类、其他类原料酿造酒

一般来说，蔬菜酒都可以列入淀粉类或无糖类原料酒，本书特别将它独立成一个章节，是为了让读者更清楚地了解蔬菜酒的酿造过程与风味特点。常见的蔬菜酒有地瓜酒、山药酒、苦瓜酒、山苏酒等等，许多酿酒爱好者都喜欢酿制蔬菜酒。酿好的蔬菜酒有淡淡的蔬菜香气，是独具特色的酒类。

蔬菜酒的原料分为含淀粉的和不含淀粉的，酿酒时要看情况调整糖度，糖度不够的蔬菜必须补足应有的糖度。掌握基本原则后，再尝试更多不同的蔬菜原料，就可以酿出专属美酒。

酿制蔬菜酒的基本处理原则

◎蔬菜酒的酿制皆可对照一般水果酒的酿制来处理。

◎有些蔬菜在清洁处理好后，先干燥或烘烤后再酿酒，酿出的酒味道会更香。

◎酿蔬菜酒的原料，基本上糖分含量都比较少或是没有，所以调糖度是很重要的步骤。要用蔬菜酿酒就要先额外加糖补糖度，总糖度仍可设定在25度左右。

◎用块状根茎类的蔬菜酿酒，如果蔬菜的皮可以吃，酿酒时可以不削皮，直接带着皮酿，酒的风味会比较香。

酿制其他酒类的基本处理原则

◎其他酒类的酿制皆可对照一般水果酒的酿制来处理。

◎酿酒的原料称重定量后，先调整糖度，糖分不够就加糖，糖度太高就要降低糖度。做酿造酒没有再蒸馏这一步，一开始就直接用冷开水稀释，而做蒸馏酒最后还可以通过再蒸馏来达到杀菌的目的。为避免影响发酵效果，要少用生水，至少用干净的水来稀释。

◎原料在酿酒前最好都做初步杀菌，杀完菌的原料在适当的温度下再加入活化好的酵母菌，酿酒的成功率更高，出酒率也更高。

山苏酒

记得2000年时，我在花莲县各乡镇的农会授课，认识了山苏产销班的杨班长及他的夫人。他们生产的山苏叶质量非常好。每天清晨四点钟，他们上山去采收山苏叶，回来整理装箱，在十点钟的时候将整箱的山苏叶空运配送到台北的五星级饭店。他们保证自己的山苏叶绝对不会老，并且承诺：当天如果有人从中吃到一根老纤维的山苏叶，那么当天发去的全部的货都不要钱。这种气魄让我感动不已，他们的成功就是一种对诚信的坚持。为了这个承诺，每日他们都要从采摘回来的山苏叶中挑出不少纤维比较老的叶子，这些叶子吃也吃不完，送人也不是办法，丢掉又很可惜。后来我用学过的技术将山苏叶制成山苏茶、山苏酒及山苏酵素，正好解决了这个问题，这些产品后来还成为花莲县新城乡的特色产品。

酿山苏酒用的是典型的蔬菜酒酿造方式，想办法通过烘、烤、炒的方式将没有香气的材料加工出香味；原料不含糖分或糖分不够，就通过添加砂糖来补足酿酒所需的糖分。如果担心酿出的酒中有蔬菜的野青味，可利用蒸馏的方式制成特殊的蒸馏酒。

山苏酒的酿法

成品分量：1500毫升

制作所需时间：1~1.5个月

材料：
◎山苏叶600克
◎砂糖450克
◎水1.8升
◎酒用酵母2克（菌数10^8以上）

工具：
◎2.4升发酵罐1个
◎封口布1片
◎塑料袋1个
◎橡皮筋1根

先生，你的酒

步骤：

1 选取10厘米长的山苏嫩叶或15厘米长的山苏叶，清洗干净，再切成小段，晒干。将晒干的山苏叶置于烘干机内，像制茶叶一样烘干至出现香气。如果没有烘干机，就将叶子倒入铁锅，不断地加热翻炒。将炒好的山苏叶称重定量备用。

2 将砂糖倒入水中，用小火煮至砂糖全部溶解。将糖水放凉至30℃后倒入发酵罐中。也可以直接将砂糖倒入发酵罐中，再加入1.8升水，搅拌至砂糖完全溶解。

3 将酒用活性干酵母菌按程序活化30分钟备用。

4 将山苏叶放入发酵罐中，再加入活化好的酵母菌，混合均匀。

5 第一天用封口棉布封住罐口，采用好氧发酵。第二天改用塑料袋盖
住罐口，外用橡皮筋套紧，采用厌氧发酵。发酵约45天后利用蒸馏
设备蒸酒。蒸馏时，第一段要先去甲醇再收酒。收酒至酒精度达到
20度左右就要停止，低酒精度的酒液收得太多，整体酒液会偏酸。

【酿酒师说】

用同样的方法还可以酿制出其他叶类蔬菜酒，比如牛蒡酒。将原
料山苏叶换成牛蒡叶即可。

山药酒

　　山药是食材也是药材，它是人类最早食用的植物之一。我们习惯于将山药蒸熟了吃，日本人则更喜欢生吃，但有些山药生吃有微毒性，吃起来舌头会麻麻的，煮熟后吃就不会有这些问题。山药的品种有很多。2001年时，我多次到新北市汐止区农会教学，在那里的山区接触到了很多种山药的农民。他们会同时种很多品种的山药，次级品常常卖不完也吃不掉，后来他们就用下面的方法将多余的山药酿成山药酒。

　　山药比地瓜要难处理，因为山药切片或磨汁后会产生黏液，黏液会影响发酵，所以发酵初期要通过搅拌来帮助发酵，又因为多次搅拌容易发生杂菌污染，所以要注意搅拌器的清洁。我曾用稻壳为辅料，来增加山药发酵时的透气性，使用时要先将稻壳洗干净，煮过再用。酿好的山药酒如果能再进行蒸馏，会更好喝、更安全。

山药酒的酿法

成品分量：1200毫升

制作所需时间：1~3个月

材料：
◎山药1200克
◎砂糖180克
◎米酒专用酒曲7克

工具：
◎1.8升发酵罐1个
◎封口布1片
◎塑料袋1个
◎橡皮筋1根

步骤：

1 将山药用水洗干净，去皮、切片。

2 将山药片加水煮熟。可采用闷的方法让山药熟透，煮熟的山药片最好松软又不结块或稀烂。

3 准备好酒曲，磨成均匀的细粉，以便山药能均匀接触到菌粉。

4 将蒸好的山药连水直接放入发酵罐中（也可以摊平放凉或吹凉后再放入发酵罐中）。

5 等到煮熟的山药温度降至温度30℃时，将酒曲加入发酵罐中，与山药片混合均匀。

先生，你的酒

6 用消毒过的封口布盖住罐口，外用橡皮筋套紧。第三天改用塑料袋密封罐口，采用厌氧发酵。注意保温在30℃左右。

7 如果只使用山药片，没有将山药汁一起加入发酵罐，那么大约72小时后，就需要加水300毫升，加水后不要搅动酒醪以免破坏菌象。12小时后，再次加300毫升水。再过12小时后，第三次加水300毫升，此时可搅动酒醪混合均匀。（1.2千克山药共加0.9升水。）通常我会在煮山药片时就加入2倍的水，这样后面就不需要再加水。

8 静置发酵15~20天。冬天温度较低，发酵时间需长些；夏天温度较高，发酵时间太长酒容易变酸。

【酿酒师说】

◎关于发酵

1. 布曲24小时后，即可观察到山药表面及周围会出水，这是山药中的淀粉被根霉菌糖化及液化的现象，发酵72小时后大部分糖化工作已经完成。此时发酵罐中液体的糖分含量很高。必要时，发酵中途还可加糖来增加酒精度。

2. 如果酒曲用得恰当且适量，酒醪就不会有霉味产生，而且发酵快、出酒率高。

3. 发酵期温度管理很重要，温度太高或太低都不适合酒曲生长。发酵完成后，可利用天锅蒸馏。蒸馏时间根据设备而定，原则是大火煮滚，小火蒸馏。

◎关于灭菌

1. 发酵过程中添加的水都需要灭菌。加水的目的，除了稀释酒醪糖度以利于酒用微生物发挥作用外，还有降温及避免蒸馏时烧焦的作用。

2. 酿酒用的容器及发酵罐一定要洗干净，不能有油的残存，否则酿酒会失败。

◎风味判断

好的酒醪应该有淡淡的酒香及甜度。

甜菜根酒

甜菜根由生长在地中海沿岸的野生植物海甜菜根演变而来，属于块状的蔬菜。它的汁与肉均是鲜紫色的，非常有特色，因此也被称为火焰菜。

甜菜根的甜度较高，用于酿造酒或浸泡制酒皆可，用它酿出的甜菜根酒属于甜酒。我个人比较喜欢用浸泡方式酿甜菜根酒，如果每天摇动一次，约10天就可以将酒汁过滤出来饮用。甜菜根酒的色泽非常漂亮，如果不说明，很多人猜不出是什么酒。

方法一: 用酒用活性酵母当菌种

成品分量: 600毫升

制作所需时间: 1个月

材料:
◎甜菜根600克
◎砂糖150克
◎酒用酵母0.5克（菌数10^8以上）

工具:
◎1.8升发酵罐1个
◎封口布1片
◎塑料袋1个
◎橡皮筋1根

步骤:

1 将甜菜根去蒂，去皮后切片或切丁（也可榨汁，只用甜菜根汁），放入发酵罐中备用。

2 用糖度折光仪测量甜菜根汁的糖度。用25减去甜菜根汁的糖度就是需要加糖补足的糖度，根据糖度算出需要加入的砂糖的量。如果没有糖度计，就按材料中所列的砂糖量添加，误差应该不大。

3 将砂糖倒入水中，用小火煮至砂糖全部溶解。将糖水放凉至30℃后倒入发酵罐中，搅拌均匀。也可以直接将砂糖倒入发酵罐中。

4 将酒用活性干酵母菌按程序活化备用。

5 将活化好的酵母菌倒入发酵罐中，搅拌均匀。

6 第一天用封口棉布封住罐口，采用好氧发酵。第二天改用塑料袋盖住罐口，外用橡皮筋套紧，采用厌氧发酵。发酵约30天即可开封饮用。

方法二：
用 40 度米酒或食用酒精浸泡

材料：
◎甜菜根300克
◎冰糖（或砂糖）200克
◎40度米酒0.9升

工具：
◎1.8升发酵罐1个
◎封口布1片
◎塑料袋1个
◎橡皮筋1根

步骤：

1 将甜菜根洗净、去皮、沥干、去蒂后切片，放入发酵罐中备用。

2 将冰糖和米酒倒入发酵罐中混匀，用封口布封住罐口，第二天改用塑料袋盖住罐口，盖好盖子，将发酵罐置于阴凉处。

3 浸泡3个月后，用过滤袋过滤掉酒渣后即可饮用。要将过滤出的酒汁装于细口瓶中，以免酒质混浊。

地瓜酒

在物质缺乏的时代，有很多家庭都会酿制地瓜酒。由于地瓜品种很多，香气不一，酿酒时要注意原料的选择。我发现能让人回味的烤地瓜所使用的地瓜品种，也是用来酿酒的好选择。

酿地瓜酒比酿山药酒要好处理，因为地瓜黏液较少，不太容易影响发酵，所以发酵初期通过搅拌来帮助发酵就可以，但是要注意搅拌器的清洁，因为多次搅拌容易带来杂菌污染。我也曾用稻壳为辅料来增加地瓜酒发酵时的透气性，使用时要先将稻壳洗干净，煮过再用；发酵完成时再将酒液一起蒸馏，效果不错。

地瓜酒的酿法

成品分量：1200毫升

制作所需时间：1个月

材料：
◎地瓜1200克
◎砂糖180克
◎熟料专用酒曲6克

工具：
◎1.8升发酵罐1个
◎封口布1片
◎塑料袋1个
◎橡皮筋1根

步骤:

1 将地瓜去头去尾,挖掉芽眼,用水洗干净,连皮切丁。

2 加入地瓜量2倍的水将地瓜丁煮熟,煮熟的地瓜丁最好松软又不结块或稀烂。

3 准备好酒曲,定量备用。

4 等到煮熟的地瓜汁温度降至30~35℃ (这个温度可加速酒曲发酵)时,加入酒曲,与地瓜汁混合均匀。

5 将加好酒曲的地瓜汁倒入发酵罐中。

6 用消毒过的封口布盖住罐口，外用橡皮筋套紧，注意保温在30℃左右。第二天需做第一次搅拌，但不要过度搅动酒醪以免破坏菌象。隔24小时后再搅拌第二次，之后用塑料袋密封罐口，改用厌氧发酵。再隔24小时后，进行第三次搅拌，仍采用厌氧发酵。

7 静置发酵15~20天。冬天温度较低，发酵时间需长一些；夏天温度较高，发酵时间太长酒容易变酸。

【酿酒师说】

◎关于发酵

1. 布菌24小时后，即可观察到地瓜表面及周围会出水，可以据此判断地瓜中的淀粉是否被霉菌糖化及液化，发酵72小时后大部分糖化工作已经完成。此时发酵罐中液体的糖分含量很高。必要时，发酵中途还可加糖来增加酒精度。

2. 如果酒曲用得恰当且适量，酒醪就不会有霉味，而且发酵快、出酒率高。

3. 发酵期温度管理很重要，温度太高或太低都不适合酒曲生长。发酵完成后，可利用天锅蒸馏。蒸馏时间根据设备而定，原则是大火煮滚，小火蒸馏。

◎关于灭菌

1. 煮地瓜一定要用清洁的水。加水量以地瓜量的2倍为原则，太少，在蒸馏时酒醪容易烧焦；太多，在蒸馏时容易浪费能源。

2. 酿酒用的容器及发酵罐一定要洗干净，不能有油残留，否则酿酒会失败。

◎风味判断

好的酒醪应该有淡淡的酒香及一定的甜度。

苦瓜酒

苦瓜酒是农民将剩余的新鲜苦瓜加工处理后，酿制成的一种蔬菜酒。由于苦瓜本身没有太多的糖分，所以酿苦瓜酒要通过加糖和酵母菌来发酵产生酒精。蔬菜酒的风味就来自蔬菜本身。苦瓜即使煮过或炒过，本身还是会有苦味及回甘味产生，在酿酒时，这些味道也会存在于蒸馏过后的苦瓜酒中，所以蔬菜酒适合小杯浅尝，不适合干杯。蔬菜酒还有点像药酒，有的可以用于保健。

我们并不喜欢苦瓜的苦味，但喜欢它的甘味，所以酿苦瓜酒的重点是先将苦瓜焯水去除苦味，顺便也可以对苦瓜灭菌，然后再补足糖分，放凉后加入已经活化的酵母菌即可；也可以加糖水补足糖分。

苦瓜酒一般都不会做成酿造酒，往往直接蒸馏成高浓度的蒸馏酒。许多低酒精度的酿造蔬果酒香气较普通，一旦蒸馏成高度酒，其香气及特点反而能呈现出来，保存也比较方便。

苦瓜酒的酿法

成品分量：1000毫升

制作所需时间：1~3个月

材料：
◎新鲜苦瓜1千克
◎砂糖250克
◎酒用水果酵母0.5克

工具：
◎1.8升发酵罐1个
◎封口布1片
◎塑料袋1个
◎橡皮筋1根

步骤：

1 将苦瓜洗净，去蒂，对半剖开，用铁汤匙将籽及瓢刮掉（要刮干净），再切成小段备用。

2 锅中加水煮开，将苦瓜段焯水去除苦涩味，捞起放入发酵罐中，趁热加入砂糖拌匀，放凉备用。

3 将0.5克水果酵母菌按程序活化30分钟，再倒入已调整好糖分的苦瓜原料中。

4 第一天用封口棉布封住罐口，采用好氧发酵，让发酵罐内活化后的酵母菌增殖。第二天进行搅拌后改用塑料袋或盖子密封罐口，采用厌氧发酵，强迫酵母菌开始工作，此时酵母菌会将糖转化成酒精。如果每天都测量一下糖度就会发现，发酵罐中的糖度在逐日降低，而酒精味却日益增强。

5 理论上来说，当糖度降至3度时即可蒸馏，一般实际操作时是看发酵罐内液体的澄清度，如果液体澄清，原料都已下沉，不再产生气泡，表示已无糖分残留，此时就可以蒸馏了。

【酿酒师说】

1. 在正统的酿酒中很少出现蔬菜酒，由于相关的研究较少，标准只能自己去拿捏。若喜欢就多做几次，自己制定出一套操作标准。对于一款酒来说，有特色最重要。

2. 有些种植苦瓜的人，会在苦瓜生长初期直接将小苦瓜塞入透明容器中，吊在苦瓜棚中。等到苦瓜在瓶中长到合适的大小时就剪掉苦瓜蒂，然后将40度的酒倒满瓶子，就能做成好看又好喝的苦瓜酒，非常有特色也非常讨喜。

蜂蜜酒

蜂蜜酒是一种很有特色的酒，但蜂蜜酒的制作成本比较高，制作难度也比较大，如果没搞懂原理和方法，很难做成功。市场上可以见到蒸馏过的蜂蜜酒，但很少出现酿造的蜂蜜酒，很可能是因为蒸馏过的蜂蜜酒可以保存百年不坏。

蜂蜜用于酿酒时，一定要先经过一道关键的手续——灭菌。因为蜂蜜中含有太多的酶，会干扰发酵进行，灭菌这一步是决定后续发酵能否成功的关键。第二个关键步骤是调糖度。蜂蜜一般都会经过浓缩，其糖度高达55度或75度，酿酒时必须降低糖度，这时就要准备相应量程的糖度计。如果没有测高糖度的糖度计就无法精准地调整糖度。

蜂蜜酒的酿法

成品分量：1500毫升

制作所需时间：1.5~3个月

材料：
◎蜂蜜600克（糖度约为55度）
◎热水1320~1500毫升（蜂蜜的2.2~2.5倍）
◎酒用酵母1克（菌数10^8以上）

工具：
◎1.8升发酵罐1个
◎封口布1片
◎塑料袋1个
◎橡皮筋1根

步骤：

1 将蜂蜜称重，倒入发酵罐中备用。

2 用糖度折光仪测量蜂蜜的糖度，用蜂蜜糖度（55度）除以目标发酵糖度25，所得的数值的2.2~2.5倍即为需要添加的水量。

3 将要添加的水加热煮滚，倒入装有蜂蜜的发酵罐中。用开水将蜂蜜中的杂菌及酶灭活，顺便稀释蜂蜜汁调整糖度，边倒热水边搅拌均匀。

4 将酒用水果活性干酵母菌按程序活化备用。

5 蜂蜜汁放凉至30℃后，加入活化好的酵母菌，混合均匀。

6 第一天用封口棉布封住罐口，采用好氧发酵。第二天改用塑料袋盖住罐口，外用橡皮筋套紧，采用厌氧发酵。发酵约45天即可开封，过滤澄清后即可饮用。

【酿酒师说】

因酿造酒保存不易，酿酒者常将蜂蜜酿造酒直接蒸馏成40度以上的蜂蜜蒸馏酒，蒸馏后的蜂蜜酒香气浓郁又好保存。

附录

酿酒常用参考数据

酒精度与温度校正表

溶液温度（℃）	酒精计示数															
	0	0.5	1.0	1.5	2.0	2.5	3.0	3.5	4.0	4.5	5.0	5.5	6.0	6.5	7.0	7.5
	20℃时，用容积百分比表示的酒精浓度															
10	0.8	1.3	1.8	2.4	2.9	3.4	3.9	4.4	5.0	5.5	6.0	6.5	7.1	7.6	8.2	8.7
11	0.8	1.3	1.8	2.3	2.8	3.3	3.9	4.4	4.9	5.4	6.0	6.5	7.0	7.6	8.1	8.6
12	0.7	1.2	1.7	2.2	2.8	3.3	3.8	4.3	4.8	5.4	5.9	6.4	6.9	7.5	8.0	8.5
13	0.7	1.2	1.7	2.2	2.7	3.2	3.7	4.2	4.8	5.3	5.8	6.3	6.8	7.4	7.9	8.4
14	0.6	1.1	1.6	2.1	2.6	3.1	3.6	4.2	4.7	5.2	5.7	6.2	6.7	7.3	7.8	8.3
15	0.5	1.0	1.5	2.0	2.5	3.0	3.6	4.1	4.6	5.1	5.6	6.1	6.6	7.2	7.7	8.2
16	0.4	0.9	1.4	1.9	2.4	2.9	3.4	4.0	4.5	5.0	5.5	6.0	6.5	7.0	7.6	8.1
17	0.3	0.8	1.3	1.8	2.3	2.8	3.4	3.9	4.4	4.9	5.4	5.9	6.4	6.9	7.4	8.0
18	0.2	0.7	1.2	1.7	2.2	2.7	3.2	3.7	4.2	4.8	5.3	5.8	6.2	6.8	7.3	7.8
19	0.1	0.6	1.1	1.6	2.1	2.6	3.1	3.6	4.1	4.6	5.2	5.6	6.1	6.6	7.2	7.6
20	0.0	0.5	1.0	1.5	2.0	2.5	3.0	3.5	4.0	4.5	5.0	5.5	6.0	6.5	7.0	7.5
21		0.4	0.9	1.4	1.9	2.4	2.9	3.4	3.9	4.4	4.8	5.4	5.8	6.3	6.8	7.3
22		0.2	0.7	1.2	1.7	2.2	2.7	3.2	3.7	4.2	4.7	5.2	5.7	6.2	6.7	7.2
23		0.1	0.6	1.1	1.6	2.1	2.6	3.1	3.6	4.1	4.6	5.0	5.5	6.1	6.6	7.0
24		0.0	0.4	0.9	1.4	1.9	2.4	2.9	3.4	3.9	4.4	4.9	5.4	5.8	6.3	6.8
25			0.3	0.8	1.3	1.8	2.3	2.8	3.2	3.7	4.2	4.7	5.2	5.7	6.2	6.6
26			0.1	0.6	1.1	1.6	2.1	2.6	3.1	3.6	4.0	4.5	5.0	5.5	6.0	6.4
27			0.0	0.4	1.0	1.4	1.9	2.4	2.9	3.4	3.9	4.3	4.8	5.3	5.8	6.3
28				0.3	0.8	1.3	1.8	2.2	2.7	3.2	3.7	4.2	4.6	5.1	5.6	6.1
29				0.2	0.6	1.1	1.6	2.1	2.5	3.0	3.6	4.0	4.4	4.9	5.4	5.8
30				0.1	0.4	0.9	1.4	1.9	2.4	2.8	3.3	3.8	4.2	4.7	5.2	5.6
31					0.2	0.7	1.2	1.7	2.2	2.6	3.1	3.6	4.0	4.5	5.0	5.4
32					0.1	0.6	1.1	1.6	2.1	2.6	3.0	3.4	3.8	4.3	4.8	5.2
33							0.9	1.4	1.9	2.4	2.8	3.2	3.7	4.2	4.7	5.1
34							0.8	1.3	1.8	2.2	2.6	3.0	3.5	4.0	4.5	4.9
35							0.6	1.1	1.6	2.0	2.4	2.8	3.3	3.8	4.3	4.8

254

先生，你的酒

酒精度与温度校正表

酒精计示数																	
8.0	8.5	9.0	9.5	10.0	10.5	11.0	11.5	12.0	12.5	13.0	13.5	14.0	14.5	15.0	15.5	16.0	16.5
20℃时，用容积百分比表示的酒精浓度																	
9.3	9.8	10.3	10.9	11.4	12.0	12.6	13.1	13.7	14.3	14.9	15.4	16.0	16.6	17.2	17.8	18.4	19.0
9.2	9.7	10.2	10.8	11.3	11.9	12.4	13.0	13.6	14.1	14.7	15.3	15.8	16.4	17.0	17.6	18.2	18.8
9.1	9.6	10.1	10.7	11.2	11.8	12.3	12.8	13.4	14.0	14.5	15.1	15.7	16.2	16.8	17.4	18.0	18.5
9.0	9.5	10.0	10.6	11.1	11.6	12.2	12.7	13.2	13.8	14.4	14.9	15.5	16.0	16.6	17.2	17.7	18.3
8.9	9.4	9.9	10.4	11.0	11.5	12.0	12.5	13.1	13.6	14.2	14.7	15.3	15.8	16.4	16.9	17.5	18.0
8.8	9.3	9.8	10.3	10.8	11.3	11.9	12.4	12.9	13.5	14.0	14.5	15.1	15.6	16.2	16.7	17.2	17.8
8.6	9.1	9.6	10.2	10.7	11.2	11.7	12.2	12.8	13.3	13.8	14.3	14.9	15.4	15.9	16.5	17.0	17.5
8.5	9.0	9.5	10.0	10.5	11.0	11.5	12.1	12.6	13.1	13.6	14.1	14.7	15.2	15.7	16.2	16.8	17.3
8.3	8.9	9.3	9.8	10.4	10.9	11.4	11.9	12.4	12.9	13.4	13.9	14.4	15.0	15.5	16.0	16.5	17.0
8.2	8.7	9.2	9.7	10.2	10.7	11.2	11.7	12.2	12.7	13.2	13.7	14.2	14.7	15.2	15.8	16.3	16.8
8.0	8.5	9.0	9.5	10.0	10.5	11.0	11.5	12.0	12.5	13.0	13.5	14.0	14.5	15.0	15.5	16.0	16.5
7.8	8.3	8.8	9.3	9.8	10.3	10.8	11.3	11.8	12.3	12.8	13.3	13.8	14.3	14.8	15.2	15.7	16.2
7.7	8.2	8.6	9.1	9.6	10.1	10.6	11.1	11.6	12.1	12.6	13.1	13.6	14.0	14.5	15.0	15.5	16.0
7.5	8.0	8.4	8.9	9.4	9.9	10.4	10.9	11.4	11.8	12.3	12.8	13.3	13.8	14.3	14.7	15.2	15.7
7.3	7.8	8.3	8.8	9.2	9.7	10.2	10.7	11.2	11.6	12.1	12.6	13.1	13.5	14.0	14.5	15.0	15.4
7.1	7.6	8.1	8.6	9.0	9.5	10.0	10.4	10.9	11.4	11.9	12.4	12.8	13.3	13.8	14.2	14.7	15.2
6.9	7.4	7.9	8.3	8.8	9.3	9.8	10.2	10.7	11.2	11.7	12.1	12.6	13.0	13.5	14.0	14.4	14.9
6.7	7.2	7.7	8.1	8.6	9.1	9.5	10.0	10.5	10.9	11.4	11.9	12.3	12.8	13.2	13.7	14.2	14.6
6.5	7.0	7.5	7.9	8.4	8.9	9.3	9.8	10.3	10.7	11.2	11.6	12.1	12.6	13.0	13.4	13.9	14.4
6.3	6.8	7.2	7.7	8.2	8.6	9.1	9.5	10.0	10.5	10.9	11.4	11.8	12.3	12.7	13.2	13.6	14.1
6.1	6.6	7.0	7.5	7.9	8.4	8.9	9.3	9.8	10.2	10.7	11.1	11.6	12.0	12.5	12.9	13.4	13.8
5.9	6.4	6.8	7.2	7.7	8.2	8.7	9.2	9.6	10.0	10.5	11.0	11.4	11.8	12.2	12.6	13.1	13.5
5.7	6.2	6.6	7.0	7.5	8.0	8.5	9.0	9.4	9.8	10.2	10.6	11.0	11.6	12.0	12.4	12.9	13.2
5.5	6.0	6.4	6.8	7.3	7.8	8.3	8.7	9.1	9.6	10.0	10.4	10.9	11.4	11.8	13.2	12.6	13.0
5.3	5.8	6.2	6.6	7.1	7.6	8.1	8.5	8.9	9.4	9.8	10.2	10.6	11.0	11.5	12.0	12.4	12.8
5.2	5.6	6.0	6.4	6.8	7.4	7.9	8.3	8.7	9.2	9.6	10.0	10.4	10.8	11.2	11.6	12.1	12.4

酒精度与温度校正表

溶液温度（℃）	酒精计示数															
	17.0	17.5	18.0	18.5	19.0	19.5	20.0	20.5	21.0	21.5	22.0	22.5	23.0	23.5	24.0	24.5
	20℃时，用容积百分比表示的酒精浓度															
10	19.6	20.2	20.8	21.4	22.0	22.5	23.1	23.7	24.3	24.8	25.4	26.0	26.6	27.1	27.7	28.2
11	19.4	20.0	20.5	21.1	21.7	22.2	22.8	23.4	23.9	24.5	25.0	25.6	26.2	26.7	27.3	27.8
12	19.1	19.7	20.2	20.8	21.4	21.9	22.5	23.0	23.6	24.2	24.7	25.3	25.8	26.4	26.9	27.4
13	18.8	19.4	20.0	20.5	21.1	21.6	22.2	22.7	23.3	23.8	24.4	24.9	25.4	26.0	26.5	27.1
14	18.6	19.1	19.7	20.2	20.8	21.3	21.9	22.4	23.0	23.5	24.0	24.6	25.1	25.6	26.2	26.7
15	18.3	18.9	19.4	20.0	20.5	21.0	21.6	22.1	22.6	23.1	23.7	24.2	24.7	25.3	25.8	26.3
16	18.1	18.6	19.2	19.7	20.2	20.7	21.4	21.8	22.3	22.8	23.4	23.8	24.4	24.9	25.4	25.9
17	17.8	18.3	18.9	19.4	19.9	20.4	20.9	21.4	22.0	22.5	23.0	23.5	24.0	24.5	25.1	25.6
18	17.6	18.1	18.6	19.1	19.6	20.1	20.4	21.1	21.6	22.1	22.6	23.2	23.8	24.2	24.9	25.2
19	17.3	17.8	18.3	18.8	19.3	19.8	20.3	20.8	21.3	21.8	22.3	22.8	23.3	23.8	24.4	24.8
20	17.0	17.5	18.0	18.5	19.0	19.5	20.0	20.5	21.0	21.5	22.0	22.5	23.0	23.5	24.0	24.5
21	16.7	17.2	17.7	18.2	18.7	19.2	19.7	20.2	20.7	21.2	21.7	22.2	22.6	23.1	23.6	24.1
22	16.5	17.0	17.4	17.9	18.4	18.9	19.4	19.9	20.4	20.8	21.3	21.8	22.3	22.8	23.3	23.8
23	16.2	16.6	17.1	17.6	18.1	18.6	19.0	19.5	20.0	20.5	21.0	21.5	22.0	22.4	22.9	23.4
24	15.9	16.4	16.9	17.3	17.8	18.3	18.7	19.2	19.7	20.2	20.7	21.1	21.6	22.1	22.6	23.1
25	15.6	16.1	16.6	17.0	17.5	18.0	18.4	18.9	19.4	19.8	20.3	20.8	21.3	21.8	22.2	22.7
26	15.4	15.8	16.3	16.7	17.2	17.6	18.1	18.6	19.0	19.5	20.0	20.5	20.9	21.4	21.9	22.4
27	15.1	15.5	16.0	16.4	16.9	17.3	17.8	18.2	18.7	19.2	19.6	20.1	20.6	21.0	21.5	22.0
28	14.8	15.2	15.7	16.1	16.6	17.0	17.5	17.9	18.4	18.8	19.3	19.8	20.2	20.7	21.2	21.6
29	14.5	15.0	15.4	15.8	16.3	16.7	17.2	17.6	18.0	18.5	19.0	19.4	19.9	20.4	20.8	21.3
30	14.2	14.7	15.1	15.5	16.0	16.4	16.8	17.3	17.7	18.2	18.6	19.1	19.6	20.0	20.5	20.9
31	13.9	14.4	14.8	15.2	15.7	16.1	16.5	17.0	17.4	17.8	18.3	18.8	19.3	19.8	20.2	20.6
32	13.6	14.0	14.5	15.0	15.4	15.8	16.2	16.6	17.0	17.4	17.9	18.4	18.9	19.4	19.8	20.2
33	13.4	13.8	14.2	14.6	15.1	15.4	15.8	16.2	16.7	17.2	17.6	18.1	18.6	19.0	19.4	19.8
34	13.1	13.5	13.9	14.4	14.8	15.2	15.5	16.0	16.4	16.8	17.2	17.7	18.2	18.6	19.1	19.6
35	12.8	13.2	13.6	14.0	14.5	14.8	15.2	15.6	16.0	16.4	16.9	17.4	17.9	18.4	18.8	19.2

酒精度与温度校正表

酒精计示数																	
25.0	25.5	26.0	26.5	27.0	27.5	28.0	28.5	29.0	29.5	30.0	30.5	31.0	31.5	32.0	32.5	33.0	33.5
20℃时，用容积百分比表示的酒精浓度																	
28.8	29.3	29.9	30.4	31.0	31.5	32.0	32.6	33.1	33.6	34.1	34.6	35.1	35.6	36.1	36.6	37.1	37.6
28.4	28.9	29.5	30.0	30.6	31.1	31.6	32.1	32.7	33.2	33.7	34.2	34.7	35.2	35.7	36.2	36.7	37.2
28.0	28.5	29.1	29.6	30.2	30.7	31.2	31.7	32.2	32.8	33.3	33.8	34.2	34.8	35.3	35.8	36.3	36.8
27.6	28.2	28.7	29.2	29.7	30.3	30.8	31.3	31.8	32.3	32.8	33.4	33.9	34.4	34.9	35.4	35.9	36.4
27.2	27.8	28.3	28.8	29.3	29.9	30.4	30.9	31.4	31.9	32.4	33.0	33.5	34.0	34.4	35.0	35.4	35.9
26.8	27.4	27.9	28.4	28.9	29.5	30.0	30.5	31.0	31.5	32.0	32.5	33.0	33.5	34.0	34.5	35.0	35.5
26.5	27.0	27.5	28.0	28.6	29.0	29.6	30.1	30.6	31.1	31.6	32.1	32.6	33.1	33.6	34.1	34.6	35.1
26.1	26.6	27.2	27.6	28.1	28.6	29.5	29.7	30.2	30.7	31.2	31.7	32.2	32.7	33.2	33.7	34.2	34.7
25.7	26.2	26.8	27.2	27.8	28.3	28.8	29.3	29.8	30.3	30.8	31.3	31.8	32.3	32.8	33.3	33.8	34.3
25.4	25.9	26.4	26.9	27.4	27.9	28.4	28.9	29.4	29.9	30.4	30.9	31.4	31.9	32.4	32.9	33.4	33.9
25.0	25.5	26.0	26.5	27.0	27.5	28.0	28.5	29.0	29.5	30.0	30.5	31.0	31.5	32.0	32.5	33.0	33.5
24.6	25.1	25.6	26.1	26.6	27.1	27.6	28.1	28.6	29.1	29.6	30.1	30.6	31.1	31.6	32.0	32.6	33.1
24.3	24.8	25.3	25.8	26.2	26.7	27.2	27.7	28.2	28.7	29.2	29.7	30.2	30.7	31.2	31.7	32.2	32.7
23.7	24.4	24.9	25.4	25.8	26.3	26.8	27.3	27.8	28.3	28.8	29.3	29.8	30.3	30.8	31.3	31.8	32.3
23.5	24.0	24.5	25.0	25.5	26.0	26.4	26.9	27.4	27.9	28.4	28.9	29.4	29.9	30.4	30.9	31.4	31.9
23.2	23.7	24.1	24.6	25.1	25.6	26.1	26.6	27.0	27.5	28.0	28.5	29.0	29.5	30.0	30.5	31.0	31.5
22.8	23.3	23.8	24.2	24.7	25.2	25.7	26.2	26.6	27.1	27.6	28.1	28.6	29.1	29.6	30.0	30.6	31.0
22.5	22.9	23.4	23.9	24.4	24.8	25.3	25.8	26.3	26.7	27.2	27.7	28.2	28.7	29.2	29.6	30.2	30.6
22.1	22.6	23.0	23.5	24.0	24.4	24.9	25.4	25.9	26.4	26.8	27.3	27.8	28.3	28.8	29.2	29.7	30.2
21.8	22.2	22.7	23.2	23.6	24.1	24.6	25.0	25.5	26.0	26.4	26.9	27.4	27.9	28.4	28.8	29.4	29.8
21.4	21.9	22.3	22.8	23.2	23.7	24.2	24.6	25.1	25.6	26.1	26.5	27.0	27.5	28.0	28.4	28.9	29.4
21.0	21.4	21.9	22.4	22.8	23.3	23.8	24.2	24.7	25.2	25.7	26.2	26.6	27.1	27.6	28.0	28.5	29.0
20.7	21.2	21.6	22.0	22.4	22.9	23.4	23.8	24.3	24.8	25.3	25.8	26.2	26.7	27.2	27.6	28.1	28.6
20.3	20.8	21.2	21.6	22.0	22.6	23.1	23.5	23.9	24.4	24.9	25.4	25.8	26.3	26.8	27.2	27.7	28.2
20.0	20.4	20.8	21.2	21.7	22.2	22.7	23.1	23.5	24.0	24.5	25.0	25.4	25.9	26.4	26.8	27.3	27.8
19.6	20.0	20.4	20.8	21.3	21.8	22.3	22.8	23.2	23.7	24.2	24.6	25.0	25.5	26.0	26.4	26.8	27.3

先生，你的酒

酒精度与温度校正表

溶液温度（℃）	酒精计示数															
	34.0	34.5	35.0	35.5	36.0	36.5	37.0	37.5	38.0	38.5	39.0	39.5	40.0	40.5	41.0	41.5
	20℃时，用容积百分比表示的酒精浓度															
10	38.1	38.6	39.1	39.6	40.1	40.6	41.0	41.6	42.0	42.5	43.0	43.5	44.0	44.5	45.0	45.5
11	37.7	38.2	38.7	39.2	39.6	40.2	40.6	41.1	41.6	42.1	42.6	43.1	43.6	44.1	44.6	45.1
12	37.3	37.8	38.2	38.7	39.2	39.7	40.2	40.7	41.2	41.7	42.2	42.7	43.2	43.7	44.2	44.7
13	36.8	37.3	37.8	38.3	38.8	39.3	39.8	40.3	40.8	41.3	41.8	42.3	42.8	43.3	43.8	44.3
14	36.4	36.9	37.4	37.9	38.4	38.9	39.4	39.9	40.4	40.9	41.4	41.9	42.4	42.9	43.4	43.9
15	36.0	36.5	37.0	37.5	38.0	38.5	39.0	39.5	40.0	40.5	41.0	41.5	41.0	42.5	43.0	43.5
16	35.5	36.1	36.5	37.1	37.6	38.1	38.6	39.1	39.6	40.2	40.6	41.1	41.8	42.1	42.6	43.1
17	35.2	35.7	36.2	36.9	37.2	37.7	38.2	38.7	39.2	39.7	40.2	40.7	41.2	41.7	42.2	42.7
18	34.8	35.3	35.8	36.3	36.8	37.3	37.8	38.3	38.8	39.3	39.8	40.3	40.8	41.3	41.8	42.3
19	34.4	34.9	35.4	35.9	36.4	36.9	37.4	37.9	38.4	38.9	39.4	39.9	40.4	40.9	41.4	41.8
20	34.0	34.5	35.0	35.5	36.0	36.5	37.0	37.5	38.0	38.5	39.0	39.5	40.0	40.5	41.0	41.5
21	33.6	34.1	34.6	35.1	35.6	36.1	36.6	37.1	37.6	38.1	39.6	38.7	39.6	40.1	40.6	41.1
22	33.2	33.7	34.2	34.7	35.2	35.7	36.2	36.7	37.2	37.7	38.2	38.5	39.2	39.8	40.2	40.7
23	32.8	33.3	33.8	34.3	34.8	35.3	35.8	36.3	36.8	37.3	37.8	38.3	38.8	39.3	39.5	40.1
24	32.2	32.9	33.4	33.9	34.4	34.9	35.4	35.9	36.4	36.9	37.4	37.9	38.4	38.9	39.4	39.9
25	32.0	32.5	33.0	33.5	34.0	34.5	35.0	35.5	36.0	36.5	37.0	37.5	38.0	38.5	39.0	39.5
26	31.6	32.0	32.5	33.1	33.6	34.1	34.6	35.1	35.6	36.1	36.6	37.1	37.6	38.1	38.6	39.1
27	31.2	31.6	32.2	32.7	33.2	33.7	34.2	34.7	35.2	35.7	36.2	36.7	37.2	37.7	38.2	38.7
28	30.7	31.2	31.7	32.2	32.8	33.2	33.8	34.3	34.8	35.3	35.8	36.3	36.8	37.3	37.8	38.3
29	30.3	30.8	31.3	31.8	32.3	32.8	33.4	33.9	34.4	34.9	35.4	35.9	36.4	36.9	37.4	37.9
30	29.9	30.4	30.9	31.4	32.0	32.4	33.0	33.5	34.0	34.5	35.0	35.5	36.0	36.5	37.0	37.5
31	29.5	30.0	30.5	31.0	31.6	32.1	32.6	33.1	33.6	34.1	34.6	35.1	35.6	36.1	36.6	37.1
32	29.1	29.6	30.1	30.6	31.2	31.7	32.2	32.7	33.2	33.7	34.2	34.7	35.2	35.7	36.2	36.7
33	28.7	29.2	29.7	30.2	30.8	31.3	31.8	32.3	32.8	33.3	33.8	34.3	34.8	35.3	35.8	36.3
34	28.3	28.8	29.3	29.8	30.4	30.9	31.4	31.9	32.4	32.9	33.4	33.9	34.4	34.9	35.4	35.9
35	27.8	28.3	28.8	29.4	30.0	30.5	31.0	31.5	32.0	32.5	33.0	33.5	34.0	34.5	35.0	35.5

酒精度与温度校正表

酒精计示数																	
42.0	42.5	43.0	43.5	44.0	44.5	45.0	45.5	46.0	46.5	47.0	47.5	48.0	48.5	49.0	49.5	50.0	50.5
20℃时，用容积百分比表示的酒精浓度																	
46.0	46.4	46.9	47.4	47.9	48.4	48.9	49.4	49.8	50.3	50.8	51.3	51.8	52.3	52.8	53.2	53.7	54.2
45.6	46.0	46.5	47.0	47.5	48.0	48.5	49.0	49.5	50.0	50.4	50.9	51.4	51.9	52.4	52.9	53.4	53.8
45.2	45.6	46.1	46.6	47.1	47.6	48.1	48.6	49.1	49.6	50.1	50.6	51.0	51.6	52.0	52.5	53.0	53.5
44.8	45.3	45.8	46.2	46.7	47.2	47.7	48.2	48.7	49.2	49.7	50.2	50.7	51.2	51.6	52.1	52.6	53.1
44.4	44.9	45.4	45.8	46.4	46.8	47.3	47.8	48.3	48.8	49.3	49.8	50.3	50.8	51.3	51.8	52.2	52.7
44.0	44.5	45.0	45.5	46.0	46.4	47.0	47.4	47.9	48.4	48.9	49.4	49.9	50.4	50.9	51.4	51.9	52.4
43.6	44.1	44.6	45.2	45.6	46.1	46.6	47.1	47.6	48.0	48.6	49.0	49.5	50.0	50.5	51.0	51.5	52.0
43.2	43.9	44.2	44.7	45.2	45.7	46.2	46.7	47.2	47.7	48.2	48.7	49.2	49.6	50.1	50.6	51.1	51.6
42.8	43.4	43.8	44.3	44.8	45.5	45.8	46.3	46.8	47.3	47.8	48.3	48.8	49.3	49.8	50.2	50.7	51.2
42.4	42.9	43.4	43.9	44.4	44.9	45.4	45.9	46.4	46.9	47.4	47.9	48.4	48.9	49.4	49.9	50.4	50.9
42.0	42.5	43.0	43.5	44.0	44.5	45.0	45.5	46.0	46.5	47.0	47.5	48.0	48.5	49.0	49.5	50.0	50.5
41.8	42.1	42.6	43.1	43.6	44.1	44.6	45.1	45.6	46.1	46.6	47.1	47.6	48.1	48.6	49.1	49.6	50.1
41.4	41.7	42.2	42.7	43.2	43.7	44.2	44.7	45.2	45.7	46.2	46.7	47.2	47.7	48.2	48.7	49.2	49.7
41.2	41.3	41.8	42.3	42.8	43.3	43.8	44.3	44.8	45.3	45.8	46.3	46.8	47.3	47.8	48.4	48.9	49.4
40.4	40.9	41.4	41.9	42.4	42.9	43.4	43.9	44.4	44.9	45.4	46.0	46.4	47.0	47.5	48.0	48.5	49.0
40.0	40.5	41.0	41.5	42.0	42.5	43.0	43.6	44.1	44.6	45.1	45.6	46.1	46.6	47.1	47.6	48.1	48.6
39.6	40.1	40.6	41.1	41.6	42.2	42.7	43.2	43.7	44.2	44.7	45.2	45.7	46.2	46.7	47.2	47.7	48.2
39.2	39.7	40.2	40.7	41.2	41.8	42.3	42.8	43.3	43.8	44.3	44.8	45.3	45.8	46.3	46.8	47.3	47.8
38.8	39.3	39.8	40.3	40.8	41.4	41.9	42.4	42.9	43.4	43.9	44.4	44.9	45.4	45.9	46.4	47.0	47.5
38.4	38.9	39.4	39.9	40.4	41.0	41.5	42.0	42.5	43.0	43.5	44.0	44.5	45.0	45.6	46.1	46.6	47.1
38.0	38.5	39.0	39.5	40.1	40.6	41.0	41.6	42.1	42.6	43.1	43.6	44.2	44.7	45.2	45.7	46.2	46.7
37.6	38.1	38.6	39.2	39.7	40.2	40.7	41.2	41.7	42.2	42.7	43.2	43.8	44.3	44.8	45.3	45.8	46.3
37.2	37.7	38.2	38.8	39.3	39.8	40.3	40.8	41.3	41.8	42.3	42.8	43.4	43.9	44.4	44.9	45.4	45.9
36.8	37.3	37.8	38.4	38.9	39.4	39.9	40.4	40.9	41.4	41.9	42.5	43.1	43.6	44.1	44.6	45.0	45.6
36.4	36.9	37.4	38.0	38.5	39.0	39.5	40.0	40.5	41.0	41.5	42.0	42.7	43.2	43.7	44.2	44.7	45.2
36.0	36.5	37.0	37.6	38.1	38.6	39.0	39.6	40.2	40.7	41.2	41.8	42.3	42.8	43.3	43.8	44.3	44.8

酒精度与温度校正表

溶液温度（℃）	酒精计示数															
	51.0	51.5	52.0	52.5	53.0	53.5	54.0	54.5	55.0	55.5	56.0	56.5	57.0	57.5	58.0	58.5
	20℃时，用容积百分比表示的酒精浓度															
10	54.7	55.2	55.7	56.2	56.6	57.1	57.6	58.1	58.6	59.1	59.6	60.0	60.5	61.0	61.5	62.0
11	54.3	54.8	55.3	55.8	56.3	56.8	57.2	57.7	58.2	58.7	59.2	59.7	60.2	60.7	61.2	61.6
12	54.0	54.5	55.0	55.4	55.9	56.4	56.9	57.4	57.9	58.4	58.9	59.4	59.8	60.3	60.8	61.3
13	53.6	54.1	54.6	55.1	55.6	56.0	56.5	57.0	57.5	58.0	58.5	59.0	59.5	60.0	60.5	61.1
14	53.2	53.7	54.2	54.7	55.2	55.7	56.2	56.7	57.2	57.7	58.2	58.6	59.1	59.6	60.1	60.6
15	52.9	53.4	53.9	54.4	54.8	55.3	55.8	56.3	56.8	57.3	57.8	58.3	58.8	59.3	59.8	60.2
16	52.5	53.0	53.5	54.0	54.5	55.0	55.5	56.0	56.4	56.9	57.4	57.9	58.4	58.9	59.4	59.9
17	52.1	52.6	53.1	53.6	54.4	54.5	55.1	55.6	56.1	56.3	57.1	57.6	58.2	58.6	59.1	59.6
18	51.7	52.2	52.7	53.2	53.7	54.0	54.7	55.2	55.7	56.2	56.7	57.3	47.7	58.5	58.7	59.3
19	51.4	51.9	52.4	52.9	53.4	53.9	54.4	54.9	55.4	56.1	56.4	56.9	57.4	57.8	58.4	58.8
20	51.0	51.5	52.0	52.5	53.0	53.5	54.0	54.5	55.0	55.5	56.0	56.5	57.0	57.5	58.0	58.5
21	50.6	51.1	51.6	52.1	52.6	53.1	53.6	54.1	54.6	55.1	55.6	56.1	56.6	57.1	57.6	58.1
22	50.2	50.7	51.2	51.8	52.2	52.8	53.3	53.8	54.3	54.8	55.3	55.8	56.3	56.8	57.2	58.8
23	49.9	50.4	50.9	51.4	51.9	52.4	52.9	53.4	53.9	54.4	54.9	55.4	55.8	56.4	56.9	58.4
24	49.5	50.0	50.5	51.0	51.5	52.0	52.5	53.0	53.5	54.0	54.5	55.0	55.6	56.1	56.6	56.0
25	49.1	49.6	50.1	50.6	51.1	51.6	52.2	52.6	53.2	53.7	54.2	54.7	55.2	55.7	56.2	56.7
26	48.7	49.2	49.7	50.2	50.8	51.3	51.8	52.3	52.8	53.3	53.8	54.3	54.8	55.3	55.8	56.4
27	48.3	48.8	49.4	49.9	50.4	50.9	51.4	51.9	52.4	52.9	53.4	54.0	54.5	55.0	55.5	56.0
28	48.0	48.5	49.0	49.5	50.0	50.5	51.0	51.5	52.1	52.6	53.1	53.6	54.1	54.6	55.1	55.6
29	47.6	48.1	48.6	49.1	49.6	50.2	50.7	51.2	51.7	52.2	52.7	53.2	53.7	54.2	54.8	55.3
30	47.2	47.7	48.2	48.8	49.3	49.8	50.3	50.8	51.3	51.8	52.3	52.9	53.4	53.9	54.4	54.9
31	46.8	47.3	47.8	48.4	48.9	49.4	49.9	50.4	50.9	51.4	51.9	52.4	53.0	53.5	54.0	54.5
32	46.4	46.9	47.4	48.0	48.5	49.0	49.6	50.1	50.6	51.1	51.6	52.2	52.7	53.2	53.7	54.2
33	46.1	46.6	47.1	47.6	48.2	48.7	49.2	49.7	50.2	50.7	51.2	51.8	52.3	52.8	53.3	53.8
34	45.7	46.2	46.7	47.2	47.8	48.3	48.8	49.3	49.8	50.3	50.8	51.4	51.9	52.4	53.0	53.5
35	45.3	45.8	46.3	46.8	47.4	48.0	48.5	49.0	49.5	50.0	50.5	51.0	51.6	52.1	52.6	53.1

酒精度与温度校正表

酒精计示数																	
59.0	59.5	60.0	60.5	61.0	61.5	62.0	62.5	63.0	63.5	64.0	64.5	65.0	65.5	66.0	66.5	67.0	67.5
20℃时，用容积百分比表示的酒精浓度																	
62.5	63.0	63.5	63.9	64.4	64.9	65.4	65.9	66.4	66.9	67.4	67.8	68.3	68.8	69.3	69.8	70.3	70.8
62.1	64.6	63.1	63.6	64.1	64.6	65.1	65.6	66.0	66.5	67.0	67.5	68.0	68.5	69.0	69.5	70.0	70.5
61.8	62.3	62.8	63.3	63.8	64.2	64.7	65.2	65.7	66.2	66.7	67.2	67.7	68.2	68.7	69.2	69.7	70.1
61.4	61.9	62.4	62.9	63.4	63.9	64.4	64.9	65.4	65.9	66.4	66.8	67.4	67.8	68.3	68.8	69.3	69.8
61.1	61.6	62.1	62.6	63.1	63.6	64.1	64.6	65.0	65.5	66.0	66.5	67.0	67.5	68.0	68.5	69.0	69.5
60.8	61.2	61.5	62.2	62.7	63.2	63.7	64.2	64.7	65.2	65.7	66.2	66.7	67.2	67.7	68.2	68.6	69.1
62.4	60.9	61.4	61.9	62.4	62.9	63.4	63.6	64.4	64.8	65.4	65.8	66.3	66.8	67.3	67.8	68.3	68.8
62.0	60.5	61.0	61.5	62.0	62.5	63.0	63.5	64.0	64.5	65.0	65.5	66.0	66.5	67.0	67.5	68.0	68.5
59.2	60.2	60.9	61.2	61.7	62.2	62.7	63.2	63.7	64.2	64.7	65.2	65.7	66.2	66.7	67.2	67.7	68.2
59.4	59.8	60.4	60.8	61.3	61.8	62.3	62.8	63.3	63.8	64.3	64.8	65.3	65.8	66.3	66.8	67.3	67.8
59.0	59.5	60.0	60.5	61.0	61.5	62.0	62.5	63.0	63.5	64.0	64.5	65.0	65.5	66.0	66.5	67.0	67.5
58.8	59.1	59.6	60.1	60.6	61.2	61.6	62.2	62.6	63.2	63.6	64.2	64.6	65.2	65.7	66.2	66.7	67.2
58.2	58.8	59.3	59.8	60.3	60.8	61.3	61.8	62.3	62.8	63.3	63.8	64.3	64.8	65.3	65.8	66.3	66.8
57.9	58.4	58.9	59.4	60.0	60.4	61.0	61.5	62.0	62.5	63.0	63.5	64.0	64.5	65.0	65.5	66.0	66.5
57.6	58.1	58.6	59.1	59.6	60.1	60.6	61.1	61.6	62.1	62.6	63.1	63.6	64.1	64.5	65.2	65.6	66.2
57.2	57.7	58.2	58.7	59.2	59.8	60.3	60.8	61.3	61.8	62.3	62.8	63.3	63.8	64.3	64.8	65.3	65.8
56.9	57.4	57.9	58.4	58.9	59.4	59.9	60.4	60.9	61.4	61.9	62.4	63.0	63.5	64.0	64.5	65.0	65.5
56.5	57.0	57.5	58.0	58.5	59.0	59.6	60.1	60.6	61.1	61.6	62.1	62.6	63.1	63.6	64.1	64.6	65.2
56.1	56.6	57.2	57.7	58.2	58.7	59.2	59.7	60.2	60.7	61.2	61.8	62.3	62.8	63.3	63.8	64.3	64.8
55.8	56.3	56.8	57.3	57.8	58.3	58.8	59.4	59.9	60.4	60.9	61.4	61.9	62.4	62.9	63.5	64.0	64.5
55.4	55.9	56.4	57.0	57.5	58.0	58.5	59.0	59.5	60.0	60.6	61.1	61.6	62.1	62.6	63.1	63.6	64.1
55.0	55.5	56.1	56.6	57.2	57.6	58.1	58.6	59.2	59.8	60.3	60.8	61.3	61.8	62.3	62.8	63.3	63.8
54.7	55.2	55.7	56.2	56.8	57.3	57.8	58.3	58.8	59.4	59.9	60.4	60.9	61.4	61.9	62.4	62.9	63.4
54.3	54.8	55.3	55.9	56.5	57.0	57.4	58.0	58.5	59.0	59.6	60.1	60.6	61.1	61.6	62.1	62.6	63.1
54.0	54.5	55.0	55.6	56.1	56.6	57.1	57.6	58.1	58.6	59.2	59.7	60.2	60.7	61.2	61.7	62.2	62.7
53.6	54.1	54.6	55.2	55.8	56.2	56.7	57.2	57.8	58.4	58.9	59.4	59.9	60.4	60.9	61.4	61.9	62.4

先生，你的酒

酒精度与温度校正表

溶液温度（℃）	酒精计示数															
	68.0	68.5	69.0	69.5	70.0	70.5	71.0	71.5	72.0	72.5	73.0	73.5	74.0	74.5	75.0	75.5
	20℃时，用容积百分比表示的酒精浓度															
10	71.3	71.8	72.2	72.7	73.2	73.7	74.2	74.7	75.2	75.7	76.2	76.6	77.1	77.6	78.1	78.6
11	71.0	71.4	71.9	72.4	72.9	73.4	73.9	74.4	74.9	75.4	75.8	76.3	76.8	77.3	77.8	78.3
12	70.6	71.1	71.6	72.1	72.6	73.1	73.6	74.1	74.5	75.0	75.5	76.0	76.5	77.0	77.5	78.0
13	70.3	70.8	71.3	71.8	72.3	72.8	73.2	73.7	74.2	74.7	75.2	75.7	76.2	76.7	77.2	77.7
14	70.0	70.5	71.0	71.4	72.0	72.4	72.9	73.4	73.9	74.4	74.9	75.4	75.9	76.4	76.9	77.4
15	69.6	70.1	70.6	71.1	71.6	72.1	72.6	73.1	73.6	74.1	74.6	75.1	75.6	76.1	76.6	77.1
16	69.3	69.8	70.3	70.8	71.3	71.8	72.3	72.8	73.3	73.8	74.3	74.8	75.3	75.8	76.2	76.7
17	69.0	69.5	70.0	70.5	71.0	71.5	72.0	72.5	73.0	73.4	74.0	74.3	74.9	75.4	75.9	76.4
18	68.7	69.2	69.6	70.2	70.6	71.0	71.6	72.1	72.6	73.1	73.6	74.1	74.6	75.1	75.6	76.1
19	68.3	68.8	69.3	69.8	70.3	70.8	71.3	71.8	72.3	72.8	73.3	73.8	74.3	74.8	75.3	75.8
20	68.0	68.5	69.0	69.5	70.0	70.5	71.0	71.5	72.0	72.4	73.0	73.5	74.0	74.5	75.0	75.5
21	67.7	68.2	68.7	69.2	69.7	70.2	70.7	71.2	71.7	72.0	72.7	73.2	73.7	74.2	74.8	75.2
22	67.3	67.8	68.3	68.8	69.3	69.8	70.3	70.8	71.4	71.9	72.4	72.9	73.4	73.9	74.4	74.9
23	67.0	67.5	68.0	68.5	69.0	69.5	70.0	70.5	71.0	71.5	72.0	72.5	73.0	73.6	74.1	74.6
24	66.7	67.2	67.7	68.2	68.7	69.2	69.7	70.2	70.7	71.2	71.7	72.2	72.7	73.2	73.9	74.2
25	66.3	66.8	67.3	67.8	68.4	68.9	69.4	69.9	70.4	70.9	71.4	71.9	72.4	72.9	73.4	73.9
26	66.0	66.5	67.0	67.5	68.0	68.5	69.0	69.5	70.0	70.5	71.1	71.6	72.1	72.6	73.1	73.6
27	65.7	66.2	66.7	67.2	67.7	68.2	68.7	69.2	69.7	70.2	70.7	71.2	71.8	72.3	72.8	73.3
28	65.3	65.8	66.3	66.8	67.4	67.9	68.4	68.9	69.4	69.9	70.4	70.9	71.4	71.9	72.4	73.0
29	65.0	65.5	66.0	66.5	67.0	67.5	68.0	68.6	69.1	69.6	70.1	70.6	71.1	71.6	72.1	72.6
30	64.6	65.2	65.7	66.2	66.7	67.2	67.7	68.2	68.7	69.2	69.8	70.3	70.8	71.3	71.8	72.3
31	64.3	64.8	65.4	65.9	66.4	66.9	67.4	67.9	68.4	69.0	69.5	70.0	70.5	71.0	71.5	72.0
32	63.9	64.4	65.0	65.5	66.0	66.5	67.0	67.5	68.0	68.6	69.1	69.6	70.1	70.6	71.2	71.6
33	63.6	64.1	64.6	65.2	65.7	66.2	66.7	67.2	67.7	68.2	68.8	69.3	69.8	70.3	70.8	71.3
34	63.2	63.8	64.3	64.8	65.3	65.8	66.3	66.8	67.4	67.9	68.4	69.0	69.5	70.0	70.5	71.0
35	62.9	63.4	64.0	64.5	65.0	65.5	66.0	66.5	67.0	67.6	68.1	68.6	69.1	69.6	70.2	70.7

先生，你的酒

酒精度与温度校正表

酒精计示数																	
76.0	76.5	77.0	77.5	78.0	78.5	79.0	79.5	80.0	80.5	81.0	81.5	82.0	82.5	83.0	83.5	84.0	84.5
20℃时，用容积百分比表示的酒精浓度																	
79.1	79.6	80.0	80.5	81.0	81.5	82.0	82.5	83.0	83.4	83.9	84.4	84.9	85.3	85.8	86.3	86.8	87.3
78.8	79.3	79.7	80.2	80.7	81.2	81.7	82.2	82.7	83.1	83.6	84.1	84.6	85.1	85.6	86.0	86.5	87.0
78.5	79.0	79.4	79.9	80.4	80.9	81.4	81.9	82.4	82.9	83.3	83.8	84.3	84.8	85.3	85.8	86.2	86.2
78.2	78.7	79.1	79.6	80.1	80.6	81.1	81.6	82.1	82.6	73.1	83.5	84.0	84.5	85.0	85.5	86.0	86.4
77.9	78.4	78.8	79.3	79.8	80.3	80.8	81.3	81.8	82.3	82.8	83.3	83.7	84.2	84.7	85.2	85.7	86.2
77.6	78.0	78.5	79.0	79.5	80.0	80.5	81.0	81.5	82.0	82.5	83.1	83.4	83.9	84.4	84.9	85.4	85.9
77.2	77.7	78.2	78.7	79.2	79.7	80.2	80.7	81.2	81.7	82.2	82.7	83.2	83.7	84.2	84.6	85.1	85.6
76.9	77.4	77.9	78.4	78.9	79.4	79.9	80.4	80.9	81.4	81.9	82.4	82.9	83.4	83.9	84.4	84.8	85.3
76.5	77.1	77.6	78.1	78.6	79.1	79.6	80.1	80.6	81.1	81.7	82.1	82.6	63.1	83.6	84.1	84.6	85.1
76.3	76.8	77.3	77.8	78.3	78.8	79.3	79.8	80.3	80.8	81.3	81.8	82.3	82.8	83.3	83.8	84.3	84.8
76.0	76.5	77.0	77.5	78.0	78.5	79.0	79.5	80.0	80.5	81.0	81.5	82.0	82.5	83.0	83.5	84.0	84.5
75.7	76.2	76.7	77.2	77.7	78.2	78.7	79.2	79.7	80.2	80.7	81.2	81.7	82.2	82.7	83.2	83.7	84.2
75.4	75.9	76.4	76.9	77.4	77.9	78.4	78.9	79.4	79.9	80.4	80.9	81.4	81.9	82.4	82.9	83.4	83.9
75.1	75.6	76.1	76.6	77.1	77.6	78.1	78.6	79.1	79.6	80.1	80.6	81.1	81.6	82.1	82.6	83.1	83.6
74.7	75.2	75.8	76.3	76.8	77.3	77.8	78.3	78.8	79.3	79.8	80.3	80.8	81.3	81.8	82.3	82.8	83.3
74.4	74.9	75.4	75.9	76.4	77.0	77.5	78.0	78.5	79.0	79.5	80.0	80.5	81.0	81.5	82.0	82.5	83.0
74.1	74.6	75.1	75.6	76.1	76.6	77.2	77.7	78.2	78.7	79.2	79.9	80.2	80.7	81.2	81.7	82.2	82.8
73.8	74.3	74.8	75.3	75.8	76.3	76.8	77.4	77.9	78.4	78.9	79.4	79.9	80.4	80.9	81.4	81.9	82.5
73.5	74.0	74.5	75.0	75.5	76.0	76.5	77.0	77.6	78.1	78.6	79.1	79.6	80.1	80.6	81.1	81.6	82.2
73.2	73.7	74.2	74.7	75.2	75.7	76.2	76.7	77.2	77.8	78.3	78.8	79.3	79.8	80.3	80.8	81.3	81.9
72.8	73.3	73.8	74.4	74.9	75.4	75.9	76.4	76.9	77.4	78.0	78.5	79.0	79.5	80.0	80.5	81.0	81.6
72.5	73.0	73.5	74.0	74.6	75.1	75.6	76.1	76.6	77.2	77.7	78.2	78.7	79.2	79.7	80.2	80.7	81.2
72.1	72.6	73.2	73.7	74.2	74.8	75.3	75.8	76.3	76.8	77.4	77.9	78.4	78.9	79.4	79.9	80.4	81.0
71.8	72.3	72.8	73.4	73.9	74.4	75.0	75.5	76.0	76.6	77.1	77.6	78.1	78.6	79.1	79.6	80.1	80.6
71.5	72.0	72.5	73.0	73.6	74.2	74.7	75.2	75.7	76.2	76.8	77.3	77.8	78.3	78.8	79.3	79.8	80.3
71.2	71.7	72.2	72.7	73.2	73.8	74.3	74.8	75.4	76.0	76.5	77.0	77.4	77.9	78.4	79.0	79.5	80.0

先生，你的酒

酒精度与温度校正表

溶液温度（℃）	酒精计示数															
	85.0	85.5	86.0	86.5	87.0	87.5	88.0	88.5	89.0	89.5	90.0	90.5	91.0	91.5	92.0	92.5
	20℃时，用容积百分比表示的酒精浓度															
10	87.7	88.2	88.7	89.2	89.6	90.1	90.6	91.0	91.5	92.0	92.5	92.9	93.4	93.9	94.3	94.8
11	87.5	88.0	88.4	88.9	89.4	89.9	90.3	90.8	91.3	91.8	92.2	92.7	93.2	93.6	94.1	94.6
12	87.2	87.7	88.2	88.6	89.1	89.6	90.1	90.6	91.0	91.5	92.0	92.5	92.9	93.4	93.9	94.4
13	86.9	87.4	87.9	88.4	88.9	89.3	89.8	90.3	90.8	91.3	91.7	92.2	92.7	93.2	93.6	94.1
14	86.7	87.1	87.6	88.1	88.6	89.1	89.6	90.1	90.5	91.0	91.5	92.0	92.5	92.9	93.4	93.9
15	86.4	86.9	87.4	87.9	88.3	88.8	89.3	89.8	90.3	90.8	91.3	91.7	92.2	92.7	93.2	93.7
16	86.1	86.6	87.1	87.6	88.1	88.6	89.0	89.5	90.0	90.5	91.0	91.5	92.0	92.5	93.0	93.4
17	85.8	86.3	86.8	87.3	87.8	88.1	88.8	89.3	89.8	90.3	90.8	91.2	91.7	92.2	92.7	93.2
18	85.6	86.1	86.5	87.0	87.5	87.8	88.5	89.0	89.5	90.0	90.5	91.0	91.5	91.9	92.5	93.0
19	85.3	85.8	86.3	86.8	87.3	67.6	88.3	88.8	89.3	89.8	90.2	90.8	91.2	91.7	92.2	92.7
20	85.0	85.5	86.0	86.5	87.0	87.5	88.0	88.6	89.0	89.5	90.0	90.5	91.0	91.5	92.0	92.5
21	84.7	85.2	85.7	86.2	86.7	87.2	87.7	88.2	88.7	89.2	89.7	90.2	90.7	91.2	91.8	92.2
22	84.4	84.9	85.4	85.9	86.4	86.9	87.4	88.0	88.5	89.0	89.5	90.0	90.5	91.0	91.5	92.0
23	84.1	84.6	85.1	85.7	86.2	86.7	87.2	87.7	88.2	88.7	89.2	89.7	90.2	90.7	91.3	91.8
24	83.8	84.4	84.9	85.4	85.9	86.4	86.9	87.4	87.9	88.4	89.0	89.5	90.0	90.5	91.0	91.5
25	83.6	84.1	84.6	85.1	85.6	86.1	86.6	87.1	87.7	88.2	88.7	89.2	89.7	90.2	90.7	91.3
26	83.3	83.8	84.3	84.8	85.3	85.8	86.3	86.9	87.4	87.9	88.4	88.9	89.4	90.0	90.5	91.0
27	83.0	83.5	84.0	84.5	85.0	85.5	86.1	86.6	87.1	87.6	88.1	88.7	89.2	89.7	90.2	90.7
28	82.7	83.2	83.7	84.2	84.7	85.3	85.8	86.3	86.8	87.3	87.9	88.4	88.9	89.4	90.0	90.5
29	82.4	82.9	83.4	83.9	84.4	85.0	85.5	86.0	86.5	87.1	87.6	88.1	88.6	89.2	89.7	90.2
30	82.1	82.6	83.1	83.6	84.2	84.7	85.2	85.7	86.3	86.8	87.3	87.8	88.4	88.9	89.4	90.0
31	81.8	82.3	82.8	83.4	83.9	84.4	84.9	85.4	86.0	86.5	87.0	87.6	88.1	88.6	89.1	89.6
32	81.5	82.0	82.5	83.0	83.6	84.1	84.6	85.2	85.7	86.2	86.7	87.3	87.9	88.4	88.9	89.4
33	81.2	81.7	82.2	82.8	83.3	83.8	84.3	84.8	85.4	86.0	86.5	87.0	87.6	88.1	88.6	89.2
34	80.9	81.4	81.9	82.4	83.0	83.5	84.0	84.6	85.1	85.6	86.2	86.8	87.4	87.9	88.4	89.0
35	80.6	81.1	81.6	82.2	82.8	83.3	83.8	84.3	84.8	85.4	85.9	86.5	87.1	87.6	88.1	88.6

酒精度与温度校正表

酒精计示数														
93.0	93.5	94.0	94.5	95.0	95.5	96.0	96.5	97.0	97.5	98.0	98.5	99.0	99.5	100.0
20℃时，用容积百分比表示的酒精浓度														
95.2	95.7	96.2	96.6	97.1	97.5	98.0	98.4	98.9	99.3	99.7				
95.0	95.5	96.0	96.4	96.9	97.3	97.8	98.2	98.7	99.1	99.6	100.0			
94.8	95.3	95.7	96.2	96.7	97.1	97.6	98.0	98.5	99.0	99.4	99.8			
94.6	95.1	95.5	96.0	96.5	96.9	97.4	97.9	98.3	98.8	99.2	99.7			
94.4	94.8	95.3	95.8	96.3	96.7	97.2	97.7	98.1	98.6	99.1	99.5	100.0		
94.2	94.6	95.1	95.6	96.1	96.5	97.0	97.5	98.0	98.4	98.9	99.4	99.8		
93.9	94.4	94.9	95.4	95.9	96.3	96.8	97.3	97.8	98.2	98.7	99.2	99.7		
93.7	94.3	94.7	95.2	95.6	96.1	96.6	97.1	97.6	98.1	98.6	99.0	99.5	100.0	
93.5	94.0	94.4	94.9	95.4	95.9	96.4	96.9	97.4	97.9	98.3	98.9	99.3	99.8	
93.2	93.7	94.2	94.7	95.2	95.7	96.2	96.7	97.2	97.7	98.2	98.7	99.2	99.7	
93.0	93.5	94.0	94.5	95.0	95.5	96.0	96.5	97.0	97.5	98.0	98.5	99.0	99.5	100.0
92.8	93.3	93.8	94.3	94.8	95.3	95.8	96.3	96.8	97.3	97.8	98.3	98.8	99.3	99.8
92.5	93.0	93.5	94.0	94.6	95.1	95.6	96.1	96.6	97.1	97.6	98.1	98.6	99.2	99.7
92.3	92.8	93.3	93.8	94.3	94.8	95.4	95.9	96.4	96.9	97.4	97.9	98.5	99.0	99.5
92.0	92.6	93.1	93.6	94.1	94.6	95.1	95.6	96.2	96.7	97.2	97.7	98.3	98.8	99.3
91.8	92.3	92.8	93.3	93.9	94.4	94.9	95.3	96.0	96.5	97.0	97.6	98.1	98.6	99.2
91.5	92.1	92.6	93.1	93.6	94.2	94.7	95.2	95.8	96.3	96.8	97.4	97.9	98.4	99.0
91.3	91.8	92.3	92.9	93.4	93.9	94.5	95.0	95.5	96.1	96.6	97.2	97.7	98.3	98.8
91.0	91.6	92.1	92.6	93.1	93.7	94.2	94.8	95.3	95.8	96.4	97.0	97.5	98.1	98.6
90.8	91.3	91.8	92.4	92.9	93.4	94.0	94.5	95.1	95.6	96.2	96.7	97.3	97.9	98.4
90.5	91.0	91.6	92.1	92.7	93.2	93.8	94.3	94.8	95.4	96.0	96.5	97.1	97.7	98.3
90.2	90.8	91.4	92.0	92.5	93.0	93.6	94.1	94.6	95.2	95.8	96.4	96.9	97.5	98.1
90.0	90.6	91.1	91.6	92.2	92.8	93.4	93.9	94.4	95.0	95.6	96.2	96.7	97.4	98.0
89.8	90.4	90.9	91.4	92.0	92.6	93.1	93.6	94.1	94.8	95.4	96.0	96.5	97.2	97.8
89.5	90.0	90.6	91.2	91.8	92.4	92.9	93.4	93.9	94.6	95.2	95.8	96.3	97.0	97.6
89.2	89.8	90.4	91.0	91.6	92.2	92.7	93.2	93.7	94.4	95.0	95.6	96.2	96.8	97.4

水果酒主原料的糖度（Brix）要求

水果种类	糖度（Brix）	
	果实或天然果汁形态	还原果汁形态
菠萝 Pineapple	11.0 以上	11.5 以上
柳橙（甜橙）Orange	10.5 以上	11.5 以上
宽皮柑 Mandarin（包括椪柑、桶柑、温州蜜柑）	9.0 以上	11.5 以上
葡萄 Grape（包括红、白葡萄）	12.0 以上	14.0 以上
柠檬 Lemon	6.0 以上	8.0 以上
葡萄柚 Grapefruit	7.5 以上	10.0 以上
百香果 Passion fruit	12.0 以上	12.0 以上
番石榴 Guava	7.5 以上	9.5 以上
金橘 Kumquat	8.0 以上	8.0 以上
桑葚 Mulberry	11.0 以上	11.0 以上
杧果 Mango	11.5 以上	14.0 以上
李 Plum	9.0 以上	12.0 以上
梨 Pear	10.0 以上	12.0 以上
莱姆 Lime	10.0 以上	8.0 以上
杏 Apricot	7.0 以上	11.5 以上
草莓 Strawberry	8.0 以上	7.5 以上
梅 Mei（Japanese apricot）	7.0 以上	7.0 以上
香蕉 Banana	15.0 以上	21.0 以上
木瓜 Papaya	8.0 以上	9.0 以上
椰子 Coconut	4.0 以上	5.0 以上
西瓜 Watermelon	8.0 以上	8.0 以上
荔枝 Litchi（Lychee）	14.5 以上	11.2 以上
阳桃 Carambola	4.2 以上	7.5 以上
苹果 Apple	10.5 以上	11.0 以上
香瓜 Muskmelon	10.5 以上	10.5 以上
哈密瓜 Honeydew melon	7.5 以上	10.0 以上
桃 Peach	11.0 以上	10.5 以上
蔓越莓 Cranberry	7.0 以上	7.5 以上
蓝莓 Blueberry	10.0 以上	10.0 以上
奇异果 Kiwi fruit	10.0 以上（参考 JAS 果实饮料的日本农林规格）	10.0 以上
龙眼 Longan	15.0 以上（经验值）	——
火龙果 Pitaya	10.0 以上（经验值）	——

先生，你的酒

图书在版编目（ＣＩＰ）数据

先生，你的酒 / 徐茂挥，古丽丽著 . —— 青岛 : 青岛出版社，2018.1（小日子）

ISBN 978-7-5552-6644-0

Ⅰ . ①先… Ⅱ . ①徐… ②古… Ⅲ . ①酿酒—基本知识

Ⅳ . ① TS261.4

中国版本图书馆 CIP 数据核字 (2018) 第 007205 号

本书通过四川一览文化传播广告有限公司代理，经台湾远足文化事业股份有限公司
（幸福文化）授权出版中文简体字版本。

山东省版权局版权登记号：图字–15–2017–342

书　　名	先生，你的酒	
著　　者	徐茂挥　 古丽丽	
出版发行	青岛出版社	
社　　址	青岛市海尔路 182 号（266061）	
本社网址	http://www.qdpub.com	
邮购电话	0532-68068091	
策划编辑	刘海波　 周鸿媛	
责任编辑	曲　 静	
特约编辑	刘百玉　 孔晓南	
封面设计	iDesign studio	
装帧设计	祝玉华　 丁文娟	
图片处理	叶德永	
照　　排	光合时代	
印　　刷	青岛乐喜力科技发展有限公司	
出版日期	2018 年 3 月第 1 版　 2021 年 7 月第 7 次印刷	
开　　本	32 开（890 mm ×1240 mm）	
印　　张	8.75	
字　　数	200 千字	
图　　数	533 幅	
书　　号	ISBN 978-7-5552-6644-0	
定　　价	58.00 元	

编校印装质量、盗版监督服务电话 4006532017　 0532-68068050

建议上架：生活时尚、美食